Murphy'

Un message aux amoureux des chiens

Ernest Gambier Parry

Writat

Cette édition parue en 2024

ISBN : 9789359940502

Publié par
Writat
email : info@writat.com

Contenu

je

Oui. Il est né la première semaine de juin, en 1906. Il y a peu de temps, comme vous le voyez, c'est-à-dire comme nous, les hommes, comptons le temps, mais assez longtemps, tout comme la vie d'un enfant est parfois assez longue, pour avoir une influence sur lui. les vies – et plus encore, les caractères – de ceux qui prétendaient être ses meilleurs sur cette terre actuelle, avec des certitudes dans un ciel sombre et lointain qui pourrait ou non avoir un coin ici ou là pour les chiens.

Sa filiation était celle d'une maison royale par la pureté de sa souche et la longueur de son pedigree, et il vit pour la première fois la lumière dans la cour d'un moulin sur la rivière, où la vieille roue gémissait depuis des générations ou coulait en silence, selon le rythme de l'eau. il montait ou descendait, et le maïs arrivait pour être moulu.

Il y en avait d'autres comme lui dans la cour ; sur l'îlot sur lequel se trouvaient les bâtiments du moulin, magnifiques avec leurs tuiles multicolores ; autour de la maison d'habitation, ou dans une grande enceinte filaire à proximité. Son maître, l'Over-Lord, élevait des chiens de son espèce pour le moment, pas nécessairement dans un but lucratif, mais parce que, avec un grand cœur pour les chiens, il le souhaitait, se vantant en effet de se vanter fièrement qu'aucun chien de sa classe ne marchait. ces îles qui n'étaient pas de sa souche – et le prétendant d'ailleurs avec raison.

A une certaine époque, on aurait pu dénombrer, dans et autour de ce moulin, pas moins de trente-huit chiens, jeunes et d'âge moyen, tous plus ou moins étroitement apparentés. Mais bien que ce nombre fût bien au-dessus de la moyenne, la congestion qui en résulta fut imputable au seul épisode malheureux de la vie de Murphy, dont il me parla souvent par la suite, et dont il porta l'effet jusqu'au bout. Nous en reparlerons cependant plus tard.

La vie au milieu d'une telle compagnie - tous irlandais - signifiait nécessairement une existence plus ou moins difficile, où les plus forts avaient le dessus et les plus faibles étaient assommés, lorsque le Maître n'était pas là pour intervenir. . Chacun devait trouver son propre niveau par tous les moyens qu'il pouvait, et ainsi cette grande compagnie, ou école, de chiens ressemblait en bien des points à ces autres écoles auxquelles Nous sommes Nous-mêmes envoyés, ou que Nous envoyons nos autres fils. L'éducation à obtenir ici, comme ailleurs, a développé en premier lieu et inconsciemment la première et la plus grande des exigences de la vie, que ce soit pour le chien ou pour l'homme. Et si, dans certains cas, de mauvais caractères, tels que la combativité, l'égoïsme et l'habitude du langage grossier, s'accentuaient, malgré la discipline sévère du lieu, leurs contraires, un bon caractère, un caractère léger et heureux, et un langue civile - reçut leur reconnaissance même de la part des plus grands camarades, comme Pagan I. ou II., ou de ce capitaine de l'école, dont on parle souvent en retenant son souffle - Postman, le père de Murphy, s'accouple ensuite avec la grande beauté Barbara, tous deux étant du sang bleu le plus bleu.

Les jeunes ont appris leur place et cette autre qualité, désormais démodée : comment la conserver. Ou bien chacun avait une leçon sur une autre vertu encore, encore plus dépassée, étant jugée comme n'étant plus nécessaire ou ne convenant plus dans ce monde très moderne, et comme faisant seulement preuve d'une déférence stupide si elle était manifestée du tout. Le respect était, en vérité, la principale de toutes les vertus ici inculquées : le respect de l'âge, car les vieux chiens ne sont plus à contester ; le respect de la force et des grandes lois non écrites ; le respect du sexe; le respect pour ceux qui s'étaient révélés être les meilleurs hommes; respect pour ceux qui ne combattaient ni ne juraient, mais qui tenaient bon par leur seul caractère.

Il n'était par exemple pas correct que les jeunes s'approchent des membres plus âgés de l'école et réclament l'égalité, car, aussi étrange que cela puisse paraître, l'égalité n'avait pas sa place ici, sauf que tous étaient des chiens. Et quand un homme plus grand avait un os, gagné, gagné ou obtenu grâce à sa propre entreprise, il n'était pas jugé approprié que le jeune fasse plus que regarder à distance respectueuse, les oreilles baissées et l'envie contenue autant que possible. C'est par de telles méthodes que l'on enseignait le caractère sacré de la propriété ; et aussi que sans tenir dûment compte de ce dernier, il ne pourrait y avoir de sécurité pour personne, ni pour tout ce qu'il pourrait posséder.

Il est vrai que quelques-uns de ces gens-là, souffrant du gonflement de la tête, de l'impétuosité farfelue de la jeunesse, ou estimant qu'à eux seuls avait été légué le secret de toutes les réformes nécessaires, avançaient des théories de leur propre composition. Bien sûr, ils trouvèrent des adeptes, surtout lorsque le gain se faisait sentir, car profiter aux dépens d'autrui n'est pas impopulaire, dans certaines directions, du haut jusqu'au bas du monde. Mais, en règle générale, ces théories n'ont pas duré longtemps. La compagnie, pour ainsi dire, s'est retrouvée, et le bon sens inné qu'ils prétendaient être venu à leur aide, avant que toute l'école ne soit généralement mise par les oreilles, ou que le Seigneur Suprême ne soit appelé à intervenir.

Ainsi, lorsqu'il s'agissait d'un homme, le cri des gens vraiment honnêtes était : « Ne touchez pas, là ! » - le sang étant versé à juste titre, si nécessaire, pour sa défense, comme ce sera toujours le cas, jusqu'à ce que le dernier des chiens et des hommes repose. tomber et mourir. Bien sûr, si l'un ou l'autre laissait les siens sans surveillance, ou, accablé par la pléthore, s'endormait ou devenait gros et insouciant, alors un autre de son rang venait et emportait ces biens. Dans un tel cas, celui qui avait perdu ne pouvait rien faire de plus que gémir comme un chien, tandis que ceux qui gisaient dans la cour levaient les yeux pour voir de quoi il s'agissait, puis disaient doucement : « *C'est* comme ça qu'il devrait être.

Là encore, lorsque, par un après-midi étouffant de ce premier été de la vie de Murphy, certains membres plus âgés de la famille se rendirent dans des endroits aussi frais de l'oeil que les ombres projetées par les larges avant-toits du moulin, il fut ordonné qu'ils être laissé en paix et ne pas être harcelé par des gens plus jeunes, aussi bons soient-ils. Il ne fallait pas non plus suivre d'autres lorsqu'ils s'enfuyaient jusqu'à l'ouverture du bief - où l'eau sortait à toute vitesse, brune et écumante, des ombres sombres sous les planchers - pour écouter, peut-être, à moitié endormi, le grand La roue gémissait sa musique solennelle, tandis que les palettes vertes dégoulinantes jetaient une brume fraîche pour rafraîchir l'air blasé.

Aussi étrange qu'un tel choix puisse paraître à ceux à l'esprit agité, il ne l'était pas plus que celui d'autres qui, insouciants d'eux-mêmes, préféraient un trou dans la poussière de la cour supérieure parmi les Buff Orpingtons, et la chaleur brûlante du milieu de l'été. soleil. Il doit y avoir des différences de goût ici comme ailleurs. L'endroit choisi doit être respecté, non seulement parce qu'il s'agissait de la maison de l'époque, aussi courte soit-elle, mais aussi parce qu'ici se trouvait l'intimité, et qu'il n'était pas juste qu'elle soit envahie à tout moment, si elle était justement et manifestement recherchée - du moins , tel était le jugement de ceux qui habitaient l'île à cette époque.

Que Murphy ait remarqué toutes ces choses va sans dire. Il les gardait pour la plupart pour lui, à la manière de son espèce ; mais il observait néanmoins attentivement, ses sourcils noirs remuant continuellement juste au-dessus de ses yeux, tandis qu'il se couchait dans l'herbe rude, à l'ombre des saules têtards, ou sous les trembles chuchotant.

A cette époque, il n'était pas sorti depuis longtemps de l'état de mollesse, où l'arrière-train cédait continuellement, et il n'y avait rien d'autre à faire que de se reposer sur une hanche et d'essayer d'avoir l'air sage, étant continuellement gêné par les mouches. Au bout d'un moment, il commença à devenir plus fort et plus beau, ses oreilles s'assombrirent et ses yeux, enfoncés, comme on dit, avec un pouce sale, devinrent plus grands, prenant cet éclat excessif qui faisait regarder et regarder encore les passants. Il a également été autorisé à s'éloigner davantage lorsque son tour est venu. Il y avait des promenades le long des berges de la rivière, en compagnie d'une demi-douzaine d'autres personnes ; et avant l'âge de six mois, il pouvait courir une bonne distance avec un cheval et un piège, avant d'arriver au pas et de lever les yeux en riant, en disant : « Tiens, prends-moi ; Je suis époustouflé ! » Le vieux cheval dans les puits connaissait bien les voies des chiens et raccourcirait son allure, voire s'arrêterait complètement, si un inconsidéré risquait d'être blessé. C'est probablement de cela que Murphy a souffert toute sa vie d'une idée erronée selon laquelle il était du devoir des chevaux, ainsi que des conducteurs de toutes sortes, de s'écarter de son chemin, et pas nécessairement du leur.

C'était une vie heureuse dans un pays de bonheur et de liberté, même si la discipline était sévère et que tous devaient réussir leur période de formation. Tôt ou tard, chacun était jugé sur ses mérites, aussi bien par ses camarades que par le grand et grand Over-Lord, à qui ils devaient avant tout allégeance. Et si un tel jugement était parfois erroné, comme c'est souvent le cas dans le monde entier, lorsqu'il était fondé sur ces seuls points, il a fonctionné équitablement lorsque le moment est venu d'évaluer le caractère auquel chacun ici avait droit - lorsqu'il fallait laisser le premier foyer derrière soi et affronter le monde en ville ou à la campagne, en amont ou en aval du grand fleuve de la vie commune.

Pour un tempérament tel que celui de Murphy, une vie comme celle-ci était le bonheur en soi. Il était sociable et aimait intensément la compagnie, mais de préférence la compagnie des hommes. Il abhorrait la solitude ; les jeux étaient ses délices ; Pour tuer des choses, même s'il s'agissait d'un rat provenant d'un des mille trous qu'il rencontrait en se promenant au bord de la rivière, il ne s'en souciait pas et ne semblait même jamais vraiment comprendre. « Vivre et laisser vivre » était sa devise, tout en jouant toujours au jeu du « attraper qui peut attraper ».

Il n'y avait aucune raison de faire souffrir le terrain. Pour lui, la vie était une condition pleine de sourires, ou du moins d'être ainsi, même s'il y avait des grognements au coin de la rue, ainsi que des gens au tempérament difficile pour rester des énigmes jusqu'à la fin. Ceux qui étaient autour devaient donc être considérés comme des amis et être accueillis de manière à ce que de meilleurs chiens eux-mêmes se couchent. Leur société avait évidemment ses règles qui, même si elles étaient parfois enfreintes, n'étaient pas encore connues et reconnues, tout comme eux-mêmes, bien que chiens, étaient capables de discerner que les membres de cette autre société, à laquelle ils étaient apparemment greffés, avaient les leurs.

Ces derniers et eux-mêmes n'étaient rien de moins que des partenaires, lui semblait-il, dans un grand jeu, à jouer toujours de bon cœur et dans un esprit de véritable sportivité. Tous deux se déplaçaient selon la loi, la seule différence entre les deux étant que les Hommes détenaient le pouvoir de veto — et l'exerçaient trop souvent, ajoutait-il avec son air parfait et bien élevé, d'une manière qui déclarait leur ignorance. Les hommes, affirmait-il, insistaient toujours pour supposer que leurs lois étaient toujours justes et, en outre, toujours applicables aux chiens, oubliant que, plus souvent même qu'eux-mêmes, les chiens étaient mus par des lois impérieuses.

S'il avait été comme la majorité des chiens, lorsque de telles pensées occupaient son cerveau, il se serait sans aucun doute joint sans hésitation à la chanson de Puck :

« Seigneur, quels imbéciles sont ces mortels !

Mais c'est là qu'il différait de cette majorité. L'homme était son ami. L'amitié signifiait loyauté, et la loyauté ne devait pas être entachée.

Il y avait beaucoup de choses dans ce qu'il disait. À de nombreuses reprises, un chien montrera qu'il sait mieux qu'un homme et qu'il peut faire des choses qui transcendent les pouvoirs vantés de l'homme. Nous savons tous que — ou devrions le faire — le moment peut arriver où nous nous retrouvons dépendants du jugement d'un chien. Ne pas le reconnaître, c'est alors créer des difficultés et commettre de graves erreurs, ce qui amène les plus dociles de nos amis à lever les yeux avec une expression perplexe dans les yeux, et les plus têtus et francs à aller de l'avant, avec cette phrase lancée. par-dessus l'épaule... *Vous, imbéciles, vous ; quand comprendras-tu !* »

Et le plus amusant, c'est que l'Homme, avec son assurance et cette vision limitée de lui-même dont il semble parfois complètement ignorer, pense qu'il dresse le chien, alors que le chien est parfaitement capable, comme on le montrera, de au moins dans certaines directions, le former. Ainsi, là où des divergences surgissent, l'Homme tire ses conclusions hâtives et revendique sa prérogative. C'est une triste affaire lorsqu'une punition trop hâtive s'ensuit, comme c'est souvent le cas, car l'homme - ainsi avait l'habitude de dire Murphy - se trouverait très souvent dans l'erreur. Mais alors Murphy, quand il parla ainsi dans les jours qui suivirent, montrant avec quelle facilité nous pouvions commettre des erreurs, et expliquant tant de choses qui n'étaient pas entièrement réalisées auparavant, a amené diverses personnes à se demander si, dans une vie antérieure, il avait étudié pendant son temps libre. Bentham. Que les chiens ou les hommes fassent des erreurs ne signifie pas nécessairement qu'ils fassent le mal. "Retracer les erreurs jusqu'à leur source, c'est souvent les réfuter."

Il l'a souvent cité ; mais la seule fois où on l'interrogea sur ses études antérieures, il garda le silence. Lui et son Maître étaient assis à flanc de colline, loin du bourdonnement des hommes — comme c'était en fait la plupart d'entre eux. Ses yeux s'étendaient de la vallée jusqu'à l'horizon. « C'est comme ça qu'il faut regarder, mon cher maître, semblait-il dire, c'est comme ça qu'il faut regarder. Ne courez jamais vers le talon. Pour vous et moi, il y a un avenir. Regardez devant vous et lancez-vous en avant ; ne regarde jamais derrière toi !

Ses remarques touchaient ainsi souvent à la légère de grandes questions.

II

Regarder vers l'avenir aux beaux jours de la jeunesse, c'est espérer un bonheur sans nuages. Et, sans aucun doute, pour Murphy et ceux de son âge, le fait que l'été déclinait et que l'automne suivait, lorsque les feuilles tombaient mystérieusement des arbres et qu'il y avait des odeurs sportives dans l'air, ne changeait guère leur vision. Le bonheur n'avait aucun rapport avec les saisons : elles étaient toutes bonnes à leur tour. Les moments joyeux allaient du printemps à l'hiver. Et peut-être que l'hiver, après tout, était le meilleur.

En fait, c'est un jour d'hiver que Murphy a laissé sa marque pour la première fois dans l'esprit de son Over-Lord, et cela s'est produit ainsi.

La veille avait été typique de fin janvier. Le soleil n'avait pas brillé depuis le lever du jour. Au nord, le ciel était couleur plomb et le vent soufflait dans la neige. S'il gelait du côté nord des haies, il dégelait du côté sud – la condition la plus froide de toutes.

Il y avait des endroits couverts pour les chiens du moulin, avec beaucoup de paille, et quand un ou deux qui étaient allés se promener entraient et disaient qu'il y aurait de la neige avant l'aube d'un autre matin, ceux qui entendaient cette remarque se recroquevillaient plus fort ou se rapprochent de leurs amis les plus intimes. Et pendant qu'ils dormaient et se réveillaient, et se rendormaient, ils virent les lumières s'éteindre une à une, sauf celles du moulin lui-même, car des barges étaient arrivées avec des chargements de blé, et le moulin fonctionna toute la nuit. Ils pouvaient entendre le « battement » constant de la grande roue du moulin et le claquement des eaux lointaines ; mais juste avant l'aube nouvelle, ces sons cédèrent la place à un bourdonnement qui jouait une musique sourde dans les arbres. Les pas des hommes ne résonnaient jamais jusqu'à ce qu'ils soient à portée de main ; puis le moulin s'arrêta lentement, comme fatigué, et le silence régna en maître dans le froid. Les chiens et les hommes dormirent un peu : la nature était à l'œuvre pour donner un nouveau visage au monde.

Et après tout cela, il y eut la joie d'une matinée sans nuages, alors que les étoiles s'éteignaient et que le soleil pâle illuminait un monde qui était maintenant d'un blanc pur. La neige s'étendait partout jusqu'à trois pouces de profondeur, pas plus, car elle s'était répandue uniformément dans le silence et recouvrait le sol, les toits et les barges qui étaient venues avec le grain, rendant tout étrange, même aux yeux du public. des eaux qui léchaient les berges et qui, d'une manière ou d'une autre, avaient pris la couleur verte du verre d'une bouteille.

Puis, peu à peu, le Seigneur Suprême vint et appela tel et tel nom ; et le dernier qu'il a appelé était « Murphy ».

Il y avait effectivement des jeux ! Voici quelque chose de nouveau avec lequel jouer ; être sauté, roulé et gambadé à sa guise ; être même mordu et avalé jusqu'à interdiction. Eh bien, cette matière nouvelle que les plus jeunes n'avaient jamais vue auparavant appelait même le plus boiteux à oublier sa boiterie, comme si du sang neuf coulait dans ses veines et qu'il était doté d'une vie nouvelle !

Ils furent bientôt hors de la cour et s'éloignèrent dans l'allée. Et puis l'Over-Lord s'est tourné vers les champs et a heurté une emprise qui menait en direction d'un hameau distant de deux milles. Ici, la plupart des prairies s'étendaient sur trente acres et plus, plates comme n'importe quel étage, avec de grands ormes dans leurs haies. Ils n'étaient plus occupés par des moutons ou du bétail, car ceux-ci avaient été chassés la nuit précédente vers des terres plus élevées, par des hommes qui surveillaient le temps. La surface vierge de la neige scintille d'or et d'argent au soleil du petit matin, avec ici et là, en contraste, les longues ombres des branches d'un grand chêne ou d'un orme, projetées comme si quelqu'un avait tracé son motif pour s'amuser. avec une pincée de cobalt le plus pur.

Il n'y avait que cinq chiens dehors ce matin-là. Trois étaient maintenant attachés à une laisse ; un autre était très vieux, et lui et Murphy avaient la latitude qui leur plaisait. Il se trouva donc bientôt que Murphy se trouvait à quelque distance des autres et fut soudainement appelé à montrer ce qu'il pouvait faire. Tandis qu'il avançait, il tomba sur une légère montée de neige, comme s'il y avait quelque chose en dessous. Les plus expérimentés auraient su ce que c'était, car leur nez le leur aurait dit en un clin d'œil. Lorsque la neige tombe et qu'un lièvre se retrouve peu à peu recouvert par les flocons, il fait ce qu'il peut pour s'enfouir plus profondément ; mais toujours avec cet œil sur la vie, qu'il garde assidûment un trou ouvert pour pouvoir respirer, et toujours sous le vent. Telle est l'une des nombreuses preuves d'un instinct intelligent que l'on rencontre toujours dans les champs.

Ainsi, avant que ce jeune chien ne comprenne bien ce qui s'était passé, surgit, comme par magie, de la neige un bel animal, fort d'odeur et au pied léger, et s'éloignant de lui à toute vitesse.

Il entendit une voix crier de nombreux noms, et en même temps le claquement d'un fouet. Mais son nom ne figurait pas parmi les autres ; et il eut juste le temps de remarquer que l'Over-Lord se tenait immobile, entouré des autres chiens. Puis il se lança à sa poursuite, droit comme une ligne vers la rivière. Là, le lièvre fit son premier virage, Murphy étant à vingt mètres en arrière. Il restait muet à présent, et le lièvre et le chien se mettaient au travail, l'un pour s'échapper s'il le pouvait, l'autre pour l'attraper, s'il le pouvait. Ils franchirent la clôture du fond un instant plus tard et disparurent, cependant, pour revenir rapidement et prendre une ligne droite le long de ce morceau de trente acres. C'était un tronçon de près d'un quart de mile, et avant qu'ils n'atteignent la clôture la plus éloignée, Murphy gagnait du terrain. Le lièvre doubla à la limite, puis doubla à nouveau, formant la figure d'un huit géant sur la surface dorée et scintillante de la neige.

Le chien gagnait-il vraiment ? C'était un bon cours. Le lièvre était évidemment un levret tardif de la saison précédente ; le chien avait à peine plus de sept mois. Comment cela finirait-il ? L'Over-Lord se leva et observa, déterminé à ce que personne ne doive intervenir. Il devrait y avoir du fair-play dans un champ équitable, s'il pouvait seulement garder une emprise sur ces autres qui gémissaient, frissonnaient et tendaient la laisse. Il avait passé la lanière de son fouet dans le collier du vieux chien, donc tout était vraiment sous contrôle.

Le jeune chien durerait-il ? C'était la question cruciale. Le lièvre avait déjà couru maintes fois pour sauver sa peau et était endurci par la vie des plaines venteuses et des vastes champs. Mais le chien n'avait jamais été mis à l'épreuve de cette manière auparavant : sa vie avait été plus ou moins artificielle, et il n'avait jamais été appelé à se mettre à l'épreuve, ni mis à rude épreuve comme l'impliquaient ces moments presque exaspérants. Attraper cette chose d'une manière ou d'une autre, il le doit. Ses camarades ne regardaient-ils pas ? Le silence même de l'Over-Lord ne semblait-il pas exiger de lui qu'il fasse le meilleur de lui-même ? Il semblait cependant impossible de se mettre à niveau avec cet animal d'une étonnante rapidité, qui semblait glisser sur le sol avec une parfaite aisance et qui répondait avec vaillance à tous les efforts qu'il faisait.

Le groupe de spectateurs observait avec plus d'attention. Or le lièvre, par un tour habile, augmenta son avance ; puis une fois de plus, le chien rattrapa le terrain perdu. Le lièvre était alors revenu presque au point de départ. Le chien se rapprochait de plus en plus : le lièvre semblait se balancer dans sa foulée. La langue du chien était sortie un peu partout et son halètement était clairement audible. Une fois de plus, le lièvre doubla et les chiens avec le Seigneur Suprême donnèrent la langue, comme s'ils acclamaient leur camarade. Puis, avec une aventure et un élan, Murphy s'y est mis : il y a eu une bagarre dans la neige, et l'instant d'après, on a vu le jeune chien retenir le lièvre.

Se dirigeant vers les deux, prenant les chiens en laisse et avec une lanière courte par la tête, et les retenant par le libre usage de ses pieds, le Seigneur Suprême saisit le lièvre et le sauva ; Murphy est maintenant trop battu pour faire autre chose que rester allongé, haletant.

"Eh bien, je suis...!" - Le Seigneur Suprême passait une main du mieux qu'il pouvait sur le lièvre effrayé, la tenant haut contre sa poitrine. - " Courez jusqu'à l'arrêt, et ne soyez pas blessé. . Eh bien, je suis...!"

Il avait désormais laissé partir les autres chiens. Ils aboyaient et sautaient autour de lui, et pour éviter tout risque, il cachait le lièvre sous son manteau. Son visage était une étude alors qu'il regardait Murphy allongé dans la neige. Il n'y avait aucune faute à reprocher au chien ; c'était très certain. On lui a donné l'occasion de montrer ce dont il était capable. La neige avait égalisé la course. Et c'était fini : le lièvre ne souffrait pas du tout. Il la regarderait à nouveau tout à l'heure. C'était un joli spectacle : la nature travaille ; pas de véritable cruauté dans tout cela. Telles étaient les pensées qui traversaient l'esprit du grand homme.

Après cela, tous se tournèrent vers la maison, les pieds du Seigneur Suprême froissant la neige alors qu'il faisait de grands pas, un sourire illuminant son visage. Quatre de ses chiens étaient à ses trousses, comme s'ils s'attendaient à quelque chose ; un mètre ou deux derrière suivait un plus jeune, la langue sortie au niveau de la poitrine.

<hr>

Plus tard dans la journée, alors que tous les chiens étaient au chenil, on aurait pu voir le Seigneur Suprême quitter la cour du moulin, avec quelque chose qu'il transportait dans un sac, tirant de longues bouffées de sa pipe, et toujours avec un sourire sur sa pipe. affronter. Il se dirigeait seul vers les champs, et les traversait jusqu'à un abri sous une haie. Arrivé à son point, il se baissa jusqu'à terre ; et alors, alors qu'il se levait, sortit de lui un lièvre, indemne de vent et de membres.

Il l'a surveillé longtemps, pour s'en assurer. Puis il se frotta le menton avec sa pipe à la main et dit à haute voix : « Courez jusqu'à l'arrêt et ne vous faites jamais de mal. Eh bien, je suis...!" Et une fois de plus, ce jour-là, il se retint d'utiliser un mot mauvais, quoique parfois presque pardonnable.

<hr>

III

La société générale a naturellement considéré la performance de Murphy sous plusieurs angles. Parmi ses contemporains, sa réputation grandit d'un bond, même s'il ne manquait pas un levain de jaloux, même parmi ceux qui se pressaient le plus autour de lui. Parmi ceux qui étaient un peu plus âgés que lui, les plus naturels le félicitaient avec franchise et avec une honnête générosité de cœur. D'autres, avec une vision plus banale, estimaient que sa réussite reflétait l'éclat du chenil, et donc - ceci avec un reniflement et un coup de menton - aussi sur eux-mêmes. Quelques autres ont juré, dans un véritable esprit sportif, qu'ils feraient de leur mieux pour faire mieux si une telle opportunité se présentait à eux. Pour ces derniers, la question était de savoir pourquoi, avec de tels résultats, l'ensemble des personnes présentes n'avaient pas goûté au sang ; et entre eux, ils votèrent l'action du Seigneur Suprême incompréhensible, certainement féminine, très certainement mal jugée. Si le jeune chien avait donc augmenté dans leur estime, l'Homme avait baissé en conséquence.

Quant à l'ancienne génération, certains parlaient avec condescendance, comme s'ils voulaient faire comprendre que l'action n'était rien de plus que ce qu'ils auraient pu facilement réaliser, et en fait finissaient par tellement parler qu'ils se persuadaient, à leur propre satisfaction, qu'ils étaient dans leur jeunesse, ils avaient l'habitude de faire des choses de ce genre au moins une fois par semaine. Les moralistes hochaient la tête comme une source de toutes les vérités et affirmaient qu'un tel succès était une très mauvaise chose pour la jeunesse. Les fanfarons, qui se tenaient un peu à l'écart, mais qui n'avaient jamais rien fait de leur vie, prenaient plus de parti que d'habitude et s'efforçaient de mener les choses à bien ainsi, ignorant toujours les rires du coin. Enfin, il y avait cette autre classe, les crabes et les croustillants, qui, s'ils Nous avaient appartenu, se seraient retirés derrière leurs papiers aux fenêtres du Club, mais en l'état, et étant des chiens, ils se sont simplement retirés hors de portée de voix, avec leurs fraises se relèvent, grognent contre eux-mêmes et grognent contre toutes choses.

Il y avait de tous les cours ici comme ailleurs. Il est en effet surprenant de constater à quel point la famille canine se rapproche de l'humain. Les mêmes contreparties se retrouvent dans les deux. Nous chassons principalement en meute. Et si les chiens ont l'habitude d'aboyer, de mordre et de déchirer, nous, de notre côté, ne sommes souvent pas en retard dans la pratique des mêmes arts étranges, quoique pas toujours avec le même esprit sportif et la même générosité.

Quant à Murphy, il prenait toute cette affaire en riant et en sautillant, comme si tout cela faisait partie des joyeux plaisirs de la vie, et comme si cela ne reflétait en aucune manière son honneur. De nature, il était modeste et timide, et s'il faisait occasionnellement des choses qui sortaient de l'ordinaire, il ne semblait jamais s'en rendre compte, semblant invariablement perplexe et impatient à chaque éloge. « Peu importe tout cela ; allons chercher autre chose », dit-il, montrant ainsi peut-être un de ces traits de caractère qui le rendaient si aimable et qui prenaient de si belles proportions à mesure qu'il avançait en âge. Son caractère était joyeux et généreux, et bien qu'essentiellement viril - si un tel terme, sans offense, s'applique aux chiens - il y avait aussi chez lui une douceur particulière qui se reflétait dans toutes ses actions, jusqu'à son incapacité à se servir de ses dents. . Il n'a jamais été connu pour se battre ; et, ce qui était encore plus étrange, les os étaient pour lui des choses tout à fait négligeables.

Qu'un personnage comme celui-ci subisse un traitement dur, et encore moins de cruauté, revenait, sinon à le ruiner complètement, du moins à saper toute confiance. Pourtant, c'est précisément ce qui arriva, c'est triste à raconter. Jusqu'à présent, la vie était sans nuage. Bien sûr, comme dans toute autre société, il y avait eu la nécessité de se débrouiller tout seul – de ramasser rapidement un morceau, par exemple, si on le voulait. De telles choses sont bonnes et favorisent le progrès et le développement. Mais la dureté et la méchanceté, tout comme l'injustice, étaient totalement étrangères au moulin et à tous ceux qui y vivaient ou y travaillaient. La vie s'écoulait dans cet endroit privilégié, à la surface aussi uniforme que celle de la rivière, dont les eaux coulaient lentement jusqu'au moulin, barrant le barrage, puis repartaient en bouillonnant dans le cours d'eau, revivifiées et ayant pour un moment fait leur charme.

Il n'est pas possible de découvrir exactement comment cela s'est produit ; mais justement à cette époque de la vie de Murphy, un décret fut publié ordonnant que plusieurs membres de la famille devaient être embarqués ; et le lendemain, le jeune chien se retrouva transféré chez l'un des ouvriers du moulin, à un demi-mille et plus de là.

Le chalet était isolé et la famille qui l'habitait était composée d'un homme, de sa femme et d'une fille qui terminait tout juste ses études. Il était une fois un fils ; mais lui, comme beaucoup d'autres dans nos villages, était parti — tout honneur à eux ! — pour porter un grand coup à son pays, cinq ou six ans auparavant, et avait trouvé en peu de temps la mort d'un soldat. Sa photographie était accrochée de travers juste au-dessus de la cheminée, avec une autre d'un groupe de son régiment auquel il avait autrefois attaché beaucoup d'importance, et une autre encore de la jeune fille dont il avait espéré un jour devenir sa femme.

Lorsque la lueur tomba et que le message clair et laconique fut délivré un soir d'hiver à la porte, la mère baissa la tête ; et plus tard, lorsqu'elle retrouva la parole et qu'elle eut laissé tomber le coin de son tablier, on l'entendit se murmurer : « C'était la volonté du Tout-Puissant. Puis les larmes jaillirent à nouveau tandis qu'elle se balançait sur sa chaise, regardant le feu.

L'effet sur le père fut différent. "Quoi...!" s'écria-t-il comme si quelqu'un l'avait frappé. Une seule bougie vacillait sur la table ; ses lèvres étaient serrées sur ses dents ; ses doigts agrippaient convulsivement le couvercle de la table et il se penchait vers sa femme.

"Quoi...!" s'exclama-t-il encore.

« Ils l'ont tué », répéta la femme, la lueur d'une bougie se reflétant dans ses yeux fixes. « Seth, Seth, continua-t-elle en suivant son mari qui avait pris son chapeau et se dirigeait vers la porte, oh, Seth, Seth, c'est la volonté du Tout-Puissant, mon homme ; J'en suis sûr : Seth, Seth... ! »

Mais Seth Moby était sorti dans la nuit ; et à partir de ce moment-là, il marcha comme quelqu'un qui souffrait d'une injustice. Il avait toujours été un homme au caractère incertain, mais ce coup parut l'aigrir. Il est bon de se rappeler qu'une fois au moins dans sa vie, il avait profondément aimé.

L'Over-Lord amena Murphy à la porte et arrangea les choses avec Martha Moby, tout comme il l'avait souvent fait avec d'autres de la même manière. La journée avait été humide ; l'allée sur laquelle donnait la porte du jardin était boueuse ; le chien avait les pieds sales. « Tu prendras soin de lui, je sais. C'est un bon chien, un bon chien », répéta-t-il en partant.

Il faisait nuit lorsque Moby revint. « Il veut que nous gardions le chien, n'est-ce pas ? Il y en a trop à voir sur eux ; et pourquoi il veut garder autant de ces chiens, personne ne peut le penser. J'apporte aussi de la saleté dans notre maison. Euh... je vais te réchauffer ! ajouta-t-il en faisant mine de lancer quelque chose au chien.

Murphy parut perplexe et se glissa dans un coin.

« Ne continue pas comme ça, Seth ; ne le fais pas, mec. Le chien est une pauvre petite chose nerveuse chez nous, et il ne veut pas faire de mal.

Mais cela n'a servi à rien. Seth Moby considérait Murphy comme un intrus, et quand il pouvait faire n'importe quoi pour l'effrayer, il le faisait, et par tous les moyens brutaux en son pouvoir. Même les ouvriers du moulin se disaient que leur compagnon, Moby, était un homme changé. « C'était comme ça avec certains », ont-ils dit. « Les ennuis les ont semés, et leur ont donné l'impression qu'ils allaient jeter le Tout-Puissant de côté. Et une fois que les gens ont atteint une note inférieure, c'est pareil, ce n'était pas souvent qu'ils se retrouvaient en voie de guérison – non, ce n'était pas sûr.

À une occasion, après la fin de la première semaine, Murphy s'est échappé et est apparu au moulin avec un pied ou plus de corde sortant de son collier, car dernièrement il avait été maintenu attaché. Seth, par hasard, quittait son travail, arrêta le chien par la tête, en posant son pied sur l'extrémité de la corde presque avant que le chien ne s'aperçoive qu'il était là. Il le pendit à moitié en le reprenant, et le jeta dans la maison avec un juron qui effraya son enfant, et la fit courir à l'arrière-cuisine pour n'entendre pas ce qui suivit ; tandis que le chien se glissait sur le ventre jusqu'au coin, la queue entre les jambes : il se déplaçait toujours ainsi maintenant, même si l'on dit qu'il ne gémissait jamais.

« Oh, Seth, si vous continuez ainsi », dit Mme Moby avec reproche, « il y aura un meurtre, et ensuite des ennuis à suivre : le Maître n'est pas du genre à tolérer la cruauté envers un chien. Bénis cet homme, tu deviens comme un fou. Laissez le chien tranquille, je vous le dis. Seth avait ôté ses bottes et les avait jetées sur le chien avant de se coucher : Mme Moby s'était occupée d'essayer de le déconcerter.

Cette nuit-là, un autre pas se fit entendre dans l'escalier ; on chuchotait dans la cuisine ; et pendant plusieurs semaines successives, et à l'insu des autres, le chien dormit heureux avec l'enfant, non sans risquer de graves ennuis pour tous deux.

À la fin de cette période, l'Over-Lord a appelé. Il était absent. Il avait appris à son retour que tout n'allait pas bien chez le chien et était venu constater par lui-même. Murphy était allongé sur un sac dans son coin, mais lorsqu'il entendit le bruit de pas bien connu, il sortit en rampant, serrant nerveusement le mur jusqu'à ce qu'il atteigne la porte.

"Murphy, mon garçon!" s'écria l'Over-Lord en regardant attentivement le chien. « Murphy, mon petit homme ; que vous...!" Le chien le flattait, disant aussi clairement que la parole : « Emmène-moi avec toi ; emmène moi ailleurs."

L'Over-Lord baissa la main et le tapota. Il ne dit pas un autre mot tandis que Murphy le suivait, sauf : « Ce n'est pas vous, Mme Moby ; ce n'est pas toi." Il avait un grand cœur pour les chiens et commença à se blâmer en rentrant chez lui pour ce qui s'était manifestement produit. « Si l'homme ne voulait pas du chien, marmonna-t-il, il n'avait qu'à le dire ; en plus, c'était son loyer : cela n'a pas été fait à bas prix – cela n'est jamais le cas dans aucune des catégories.

Lorsqu'il arriva chez lui, il emmena le jeune chien avec lui – une chose presque sans précédent, pour autant que le reste de la compagnie extérieure puisse s'en souvenir. Ils jugeaient leur ancien compagnon gâté, ou en passe de l'être.

«C'était tout ce lièvre», remarqua l'homme d'âge moyen.

« Oui, convenaient les moralistes, le succès est toujours pernicieux pour la jeunesse !

Les spectateurs se méprennent généralement, même s'ils prétendent voir la majeure partie du match.

Le lendemain matin, par une étrange coïncidence, une lettre fut livrée au moulin, destinée à modifier complètement l'avenir de Murphy.

IV

Daniel était un de ces chiens qui meurent célèbres, quoique appartenant à un petit cercle ; non pas célèbre dans le sens où le sont les chiens de l'histoire, mais parce qu'il possédait une individualité et s'est imprimé dans la mémoire de tous ceux qui l'ont rencontré. Et ces derniers n'étaient pas rares, car Dan avait beaucoup voyagé et rassemblé une multitude d'amis. D'autre part, il possédait ces deux atouts presque indispensables à la popularité : des manières charmantes et un beau visage. C'était sa coutume invariable de se lever quand quelqu'un entrait dans une pièce ; et lorsqu'il s'avança à leur rencontre, on aurait certainement pu dire que, chez lui, la queue remuait littéralement le chien, car son arrière-train s'éloignait du milieu du dos et allait au rythme de la queue. Son apparence était parfaite. Étant de Pagan I., il possédait non seulement des yeux fixés dans le noir et un museau noir comme du charbon, mais aussi cette autre caractéristique des chiens de sa date, les oreilles noires les plus noires - une caractéristique maintenant entièrement perdue dans le cas des terriers irlandais. et jamais, dit-on, à retrouver.

Outre une éducation libérale et les connaissances diverses qu'il avait acquises lui-même, sans parler d'une merveilleuse série d'astuces, l'instinct connu sous le nom de sens de l'orientation était chez lui développé à un degré tout à fait anormal. Des traces précises de ceci étaient visibles quand il était encore un chiot ; mais il lui était toujours impossible de se perdre. En grandissant, cet instinct est devenu si marqué qu'il a amené les autres à se demander s'il existait ou non chez les chiens un sixième, et peut-être un septième, sens, bien au-delà de la portée de l'intelligence humaine limitée.

Les chiens, comme nous le savons tous, ne sont pas les seuls animaux à posséder cet instinct mystérieux. Ils le partagent avec de nombreuses autres classes, comme celles de la tribu féline, mais aussi avec les oiseaux et un certain nombre d'insectes. En fait, tous les animaux semblent le posséder à des degrés divers ; ils sont tous plus ou moins capables de retrouver le chemin de leur domicile. Pourtant, quelle que soit l'étude que nous pouvons faire, nous sommes en faute lorsque nous essayons d'en rendre compte. Dans de nombreux cas, l'instinct de retour est apparemment régi par la vue ; mais de nombreux observateurs scientifiques pensent que l'odorat, dans la majorité des cas, est à l'origine du problème. Peut-être qu'ils ont raison.

Cependant, lorsque nous sommes confrontés à une exposition exceptionnelle des sens, nous devons admettre que nous ne sommes convaincus par aucune des théories actuellement avancées. Il n'est pas rare qu'un chien rentre chez lui par une route qu'il n'avait jamais empruntée auparavant, au gré du vent et dans l'obscurité. L'auteur connaît un cas où un chien a trouvé le navire dans lequel il était sorti dans un port étranger vers lequel il avait été emmené et a effectué un voyage par mer, ainsi qu'un voyage considérable par terre à son retour dans ce pays. , afin de rejoindre son domicile. Un chat a également, à la connaissance de l'écrivain , retrouvé son chemin vers sa maison, bien qu'il ait été transporté à une certaine distance dans un sac posé au fond du chariot d'un fermier, et bien que le voyage de retour ait nécessité de traverser les rues d'une ville animée. N'importe qui peut tester les pouvoirs d'une abeille de la même manière, en y apposant une petite particule de coton. Une fois libéré, il empruntera une ligne parfaitement droite ou en abeille jusqu'à sa ruche, bien que celle-ci se trouve à une distance considérable. Il est inutile de parler des exploits des pigeons voyageurs, libérés après un long voyage et de nombreuses heures, ni de la manière dont les freux, en particulier, ainsi que les étourneaux, trouveront leur chemin vers leur gîte habituel. -des endroits traversant de larges vallées enveloppées de brouillards denses de novembre.

Il ne faut pas non plus succomber ici aux tentations qu'offre la simple mention des migrants, même si l'on peut se demander quel est le pouvoir qui permet à une hirondelle de quitter les rives du Haut Nil et d'arriver au nid qu'elle a quitté l'année précédente, sous les avant-toits d'un cottage situé sur les rives de la Tamise supérieure ? Ou qu'est-ce qui dirige la tourterelle, année après année, des rives plantées de lauriers-roses des ruisseaux du Maroc vers l'ombre plus reconnaissante de nos forêts anglaises ? Pourtant, les oiseaux marqués ont prouvé la véracité de ces réalisations et d'autres encore plus merveilleuses.

L'instinct, la nécessité impérieuse de se nourrir convenablement, la perpétuation de la tribu, lois les plus impérieuses de la nature, sont sans doute à l'origine de nombreux mystères. Pourtant, dire cela ne signifie pas rendre compte du sens qui nous attend, pas plus que résoudre ces innombrables problèmes qui sont disséminés le long de nos différentes routes et sur lesquels nous trébuchons à chaque pas que nous faisons. En laissant de côté des travaux aussi systématiques et apparemment scientifiques que ceux des fourmis, des abeilles et des guêpes, nous trouvons constamment dans le règne animal des pouvoirs exercés, comme, par exemple, dans le cas des vers de terre et des taupes, que ne s'expliquent pas par l'emploi des mots instinct, intelligence et nécessité. Le plus humble des animaux semble souvent manier des forces avec aisance et familiarité, dont il ne doit apparemment pas, sinon évidemment, ignorer la portée. Mais si cette dernière hypothèse est vraie, et que ces animaux aveugles marchent aveugles, que dire de nous-mêmes, alors que nous faisons fréquemment la même chose et manipulons des forces que nous sommes totalement incapables de définir ?

La digression est longue ; mais même maintenant, un pas supplémentaire doit être franchi. L'homme a, chez le chien, son unique véritable intime dans tout le monde animal. On admettra généralement que le chien dépend exceptionnellement de l'homme et que l'homme dépend souvent aussi en grande partie du chien, et que nous avons là encore un autre exemple de cette interdépendance que l'on retrouve dans toute la nature et partout où nous regardons. Mais ce n'est pas là l'essentiel lorsqu'on considère la relation existant entre les deux. Il y a quelque chose de bien plus profond, et cela va bien plus loin.

L'homme, nous dit-on, détient la domination suprême sur Terre. Il est le Roi de toutes choses vivantes, grandes et petites ; et cela constitue à la fois sa dotation et sa responsabilité. Pourtant, ce pouvoir suprême est perpétuellement modifié, non seulement par les forces qu'il cherche à contrôler – dont il doit obéir aux soi-disant lois, s'il veut les soumettre à son usage – mais aussi par ces mêmes créatures envers lesquelles il se tient. la relation d'un roi. C'est ici, dans le règne animal, que l'action du chien est à nouveau primordiale ; car quels pouvoirs de modification et d'influence peuvent transcender ceux qui produisent une impression fréquente et pratique sur les actions de ce soi-disant roi, en faisant appel, comme le fait souvent le chien, au sens moral de l'homme ; en réclamant l'amour en dehors du cercle de l'homme, en échange d'un amour donné sans compter ; en appelant à un plus grand sacrifice de soi, à la lumière d'une confiance et d'une loyauté qui se manifestent ici et nulle part ailleurs dans la nature avec le même degré inébranlable ?

Le chien fait tout cela et bien plus encore, comme nous le montrerons, et par des moyens et des instincts aussi insondables que celui dont nous venons de parler.

Il est temps de revenir au sujet plus simple de Dan, afin de donner des exemples de la façon dont, à une occasion parmi tant d'autres, il a montré la possession du sens de l'orientation, et aussi de l'œil qu'il avait pour le pays.

L'écrivain a dû se rendre dans une ville voisine en train. La distance à vol d'oiseau n'était pas supérieure à six milles, mais le voyage en train durait près d'une heure et impliquait un changement et une attente à un carrefour. Daniel l'accompagnait, n'ayant jamais fait le voyage auparavant, ni visité le carrefour ou la gare de la ville en question. A son arrivée, l'écrivain a choisi de marcher. Or, Daniel était presque entièrement étranger aux villes et, même si tout se passait bien au début, il succomba finalement aux fascinations des rues et disparut. Tous les moyens furent aussitôt mis en œuvre pour le retrouver ; le commissariat a été visité, les chauffeurs de taxi ont été prévenus et une récompense a été offerte. Finalement, l'écrivain a dû rentrer sans le chien et affronter les reproches de la famille. La tristesse s'est abattue sur la maison pour le reste de la soirée. Mais peu après dix heures, un aboiement se fit entendre, la porte d'entrée s'ouvrit et Daniel entra ; dans un état, peut-on ajouter, qui confinait à l'hystérie, et avec la queue remuant le chien plus violemment que jamais. Sept heures s'étaient écoulées depuis qu'il avait disparu, et aucune lumière n'a jamais été jetée sur la façon dont il avait accompli le voyage.

La mémoire d'un chien est proverbiale. Il y a de nombreuses raisons de croire que de nombreux chiens, une fois qu'ils ont senti votre main, ne vous oublient jamais. Mais ils semblent aussi souvent prendre des notes mentales de ce qu'ils voient et les conserver à l'esprit. Un retriever qui a travaillé longtemps sur un domaine connaîtra la position de presque toutes les portes et tous les montants dans chaque domaine, et utilisera ses connaissances instantanément lorsque les occasions se présenteront. Il semble également connaître les promenades dans les bois dans son secteur et où elles mènent. En d'autres termes, il a, dans le langage de la chasse, le sens du pays ; et voici un exemple de la vie de Daniel à titre d'illustration.

Pour rejoindre un village voisin, l'écrivain a utilisé un tricycle. Il n'y avait qu'une seule route menant à ce village, distante de cinq milles, et elle était limitée d'un côté par des bois et de l'autre par la Tamise, qu'il fallait traverser au départ. Çà et là, entre la route et la rivière, se trouvaient des maisons dont les jardins et les terrains étaient entourés de murs et de clôtures s'étendant jusqu'aux berges de la rivière. Le chemin de halage se trouvait de l'autre côté. Il se trouva qu'après trois milles parcourus, un autre tricycle rattrapa l'écrivain et le dépassa. Dan était en tête, a pris cette machine pour la sienne et est parti hors de vue. Le temps paraissant menaçant, l'écrivain a décidé de rentrer chez lui, confiant que le chien découvrirait son erreur et le suivrait. Une bicyclette a maintenant rattrapé l'écrivain, dont le conducteur, en réponse à des questions, a déclaré qu'il avait vu un terrier irlandais entrer dans le village qu'il avait quitté, à trois milles en arrière, galopant devant un tricycle. Il n'y avait rien d'autre à faire que de rentrer tranquillement chez soi, attendant de temps en temps si le chien arrivait, tout en s'inquiétant de plus en plus de son absence. Enfin, la maison fut atteinte – et Daniel était assis sur le paillasson !

Le chien était parfaitement sec et avait encore sur lui la poussière du chemin. Il ne pouvait donc pas avoir traversé la rivière à la nage ; de plus, il n'avait aucun goût pour l'eau. De même, il n'avait pas emprunté le seul chemin ; alors qu'il lui était impossible de parcourir les bois ou le long des terres situées entre la route et la rivière. Il n'y avait qu'une seule solution à la difficulté, et celle-ci était sans aucun doute correcte. Lors de ses promenades le long des collines, le chien a dû remarquer un chemin de fer dans la vallée et son pont sur la rivière. Il n'avait certainement jamais emprunté cette voie ferrée ni franchi ce pont. Mais il se souvint de son existence lorsqu'il s'était perdu, s'y dirigea, traversa la rivière sans avoir besoin de nager et revint chez lui à travers le pays à temps pour rencontrer son maître, et avec une expression sur son visage : « Eh bien… qu'en dis-tu ?

Il faut raconter encore une histoire de lui, qui montre son extraordinaire sagacité ainsi que sa détermination. Lorsqu'il avait décidé de faire quoi que ce soit, les murs de briques étaient presque impuissants à l'arrêter. Il obéissait à un seul homme, s'il était là ; en son absence, il agissait uniquement dans le but de réaliser les plans qu'il avait en tête, et toujours avec une expression entendue sur son visage.

Il était en visite dans l'ouest de l'Angleterre et s'y était rapidement retrouvé. Un jour, pendant un déjeuner, quelqu'un fut assez téméraire pour dire devant Dan que la voiture partait. Il était strictement interdit de courir avec la voiture, et Dan ne manquait jamais d'en vouloir, comme il le faisait également d'être enfermé avant que la voiture n'arrive. « Carrosse » était l'un des trente-huit mots qu'il connaissait intimement, et lorsqu'il l'entendit utilisé à cette occasion, il se peut qu'il ait pris note mentalement de projets auxquels il avait juré de ne pas participer. Quoi qu'il en soit, peu avant l'heure du départ de la voiture, Dan était introuvable.

La route qui partait de la maison se divisait en trois au bout d'environ un mile ; et, comme ce point s'ouvrait à la vue l'après-midi en question, on vit une silhouette jaune se tenir là, immobile, attendant évidemment de voir laquelle des trois directions la voiture prendrait. Inutile de dire que c'était Dan, et bien sûr, il avait sa chance.

Mais il faut mettre un terme à la chronique des autres réalisations remarquables de ce chien tout à fait remarquable : ses sages commentaires à mesure qu'il grandissait, sa fidèle exécution de ses devoirs alors qu'il parcourait les passages la nuit, son amour intense du sport et ses actes dans ce domaine. sur le terrain en dépit de sa peur désespérée des armes à feu, de son grand cœur et de ces belles manières qu'il s'efforçait encore de montrer, même lorsqu'il se déplaçait avec beaucoup de difficulté et qu'il était à la fois sourd et presque aveugle. C'était juste un gentleman de grande race ; et il avait en lui quelque chose de la courtoisie de la vieille école, qui sera encore discernable chez certains chiens lorsque nous aurons finalement et complètement perdu cet art.

Daniel vieillissait maintenant, si du moins il ne l'avait pas déjà fait. Il était évident qu'il ne pourrait pas tenir très longtemps – peut-être un an ; pas plus – et il fallut donc trouver une doublure. Les terriers irlandais faisaient partie de la maison depuis de nombreuses années. Encore un autre doit être découvert, même si, comme tous étaient d'accord, il ne pourrait jamais y en avoir un autre comme Dan.

C'est ainsi que des enquêtes furent faites dans les quartiers probables, et une lettre fut envoyée à quelqu'un en qui on pouvait avoir confiance et qui était connu dans tout le pays pour les chiens qu'il possédait.

V

« Oui », fut la réponse ; "Je pense que j'ai exactement le chien qui te convient. Avec un vieux chien à la maison tel que vous le décrivez, tous les chiens ne feraient pas l'affaire ; mais celui dont je parle est un *bon* chien, avec de bonnes manières et un caractère très doux. Vous savez que je n'ai pas l'habitude de vendre mes chiens, mais vous aurez celui-ci pour... guinées, et je l'enverrai le jour qui vous conviendra.

« J'ai oublié de dire qu'il est bien élevé ; Facteur-Barbara. Il est inscrit sous le nom de Murphy.

Deux jours plus tard, une boîte de voyage pour chien fut déposée sur le quai d'une petite gare de campagne, et là-bas dûment ouverte par l'écrivain. Au fond, dans du foin, se trouvait un pauvre petit animal rampant, qu'il fallait soulever et ensuite déposer à plat sur la plate-forme. Il était si terrorisé que rien ne pouvait l'inciter à bouger ; et le seul moyen de sortir de la difficulté était de le prendre, pendant que d'autres souriaient, et de sortir de la gare avec lui.

À un tournant tranquille de la route, le chien fut abattu, étant un peu lourd, alors qu'une fois de plus on ne parvint pas à le persuader de marcher, ni même de se tenir debout. Il a agi ainsi encore et encore, jusqu'à ce qu'enfin il atteigne la maison et qu'il soit déposé sur une natte près du feu, près d'un bol de bonne nourriture.

Et ce pauvre petit abject était Murphy ! — Murphy, le chien au pedigree des rois et même des empereurs ; le chien qui avait arrêté un lièvre ; le chien le plus heureux de tous ceux du chenil, et qui avait été le favori et le compagnon de jeu de toute la grande compagnie. Si tel était ce que les pedigrees étaient susceptibles de produire, mieux valait faire table rase immédiatement du principe héréditaire ; si c'était l'image d'une disposition heureuse, mieux valait essayer ce que la dépression chronique devait montrer. Un favori désolé celui-ci. Jusqu'à présent, on soupçonnait qu'un camarade de jeu devait au moins être gay. Tout cela était évidemment une erreur.

« Murphy ! » - Eh bien, cette chose à moitié affamée qui refusait de bouger ou de manger ne connaissait même pas son nom. Si un mouvement était fait dans sa direction, il se rapprochait du sol plus près qu'auparavant, déplaçant son menton d'avant en arrière sur le tapis dans une terreur abjecte. La voie avait été volontairement laissée libre et Dan était sorti avec le reste de la famille.

Bientôt, l'un d'entre eux entra et prononça sans plus de formalité sa sentence : « Oh, pauvre petite chose misérable et rétrécie. On ne peut pas garder un chien comme ça, c'est impossible !

Plus tard, Dan est apparu. Le jeune chien se leva, s'avança respectueusement vers lui et le lécha délibérément sur les lèvres. Dan remua la queue. Ils étaient amis. Puis, une fois de plus, le nouveau venu se glissa à plat ventre jusqu'au coin du tapis et y resta en grimaçant quand quelqu'un s'approchait. Qu'est-ce que tout cela signifiait ?

Les choses ne s'amélioraient pas non plus lorsque la maison se retirait pour la nuit : en vérité, elles étaient bien pires. Les sons les plus mystérieux montaient de l'étage inférieur et augmentaient régulièrement en volume. Ils se réveillèrent l'un puis l'autre, jusqu'à ce qu'enfin ils tirèrent quelqu'un de son lit. De tels gémissements surnaturels avaient rarement été entendus auparavant dans la gorge d'un être vivant. Bien sûr, c'était le « nouveau chien », comme on l'appelait déjà, car il n'était sûrement pas digne d'un nom.

Une conférence eut lieu le lendemain sur ce qui pourrait éventuellement être fait, mais avec le résultat habituel que certains disaient une chose, d'autres une autre, et que rien ne fut définitivement décidé. Si la question avait été mise aux voix, le chien aurait presque certainement été renvoyé immédiatement d'où il venait, malgré la remarque d'un quartier selon laquelle une telle décision pourrait entraîner quelque chose de grave.

« 'Donner une mauvaise réputation à un chien...' Nous connaissons tous la suite. Rendre ce chien, c'est presque certainement le tuer – du moins, je ne donnerais pas un centime pour sa vie.

Pendant ce temps, Murphy était recroquevillé sur son coin du tapis, les yeux grands ouverts, observant attentivement chaque mouvement. Dan ne dit rien et partit en votant pour que la maison soit sens dessus dessous.

Cette journée se passa sans amélioration, malgré tous les efforts déployés et une promenade dans les champs : la nuit, l'étranger passa en compagnie, car il paraissait avoir peur d'être laissé seul. Le lendemain, la situation s'est malheureusement aggravée. C'est le sort de beaucoup de ceux qui se retrouvent piétinés : les chanceux rencontrent la chance ; les malchanceux, le plus souvent, avec le malheur. Le monde est rempli d'ordonnances remarquablement étranges ; ou plutôt, pourrait-on dire, la vie est remplie d'incidents qui sont souvent les derniers souhaités. À celui qui n'a pas, on ôtera non seulement ce qu'il a, mais aussi ce qu'il semble avoir. Ainsi soit-il. Sans doute, dans la majorité des cas, il mérite d'être ainsi privé. Cependant, pour certains, de telles choses sont difficiles.

La pièce dans laquelle Murphy avait élu domicile était à la fois une bibliothèque, un studio et bien d'autres choses. Un grand tableau — la toile mesurait six pieds — était en train d'être travaillé ce deuxième matin après l'arrivée du jeune chien ; et, comme cela a été jugé de manière perverse, c'est justement ici que s'est produit un accident qui aurait pu être jugé impossible.

Le chevalet, en effet, avec sa toile immense, était renversé, emportant bien des objets dans les limbes en tombant ; et avec le sort qui frappe trop souvent les malheureux, Murphy se trouva donc soudainement enseveli sous un assortiment mélangé d' articles auxquels il était jusqu'alors étranger. Pour ajouter au reste, toute une série de cloches de bétail et de moutons, apportées de diverses parties du monde, furent mises en sonnerie, et d'autres furent délogées ; et pour le moment il semblait que le chien avait certainement été tué. La seule bonne chose que l'on retiendra ensuite de cette étrange affaire, c'est que le chien n'avait poussé aucun gémissement. Mais s'il avait peur auparavant, il était maintenant frappé de terreur ; et les choses étaient donc allées de mal en pis.

Il n'est guère nécessaire de décrire ce qui a suivi. D'un côté, on a jugé que c'était la goutte d'eau qui faisait déborder le vase ; que le chien ne s'en remettrait assurément jamais ; et que par conséquent la seule chose à faire était de le renvoyer, avec un appel sincère pour que sa vie soit épargnée. Pourtant, une fois de plus, des jugements plus froids ont finalement prévalu. Le chien n'avait pas pleuré. Il y avait quelque chose là-dedans. De plus, par ce qui venait de se passer, un préjudice avait été causé à son esprit déjà malheureux, et, à moins que tout honneur n'ait cessé de trouver sa place entre l'homme et le chien, une réparation lui était certainement due. Dans un quartier, un sentiment de pitié avait en outre été généré – un fait, bien qu'insoupçonné à l'époque, qui devait prouver le pivot autour duquel tout l'avenir de Murphy était destiné à tourner. Un appel au cœur, s'il réussit une fois à atteindre son objectif, ne peut jamais vraiment échouer – à moins, comme diraient les compatriotes de Murphy, que la personne à qui l'on fait appel se révèle sans cœur.

C'est ainsi qu'une feuille de papier qui quitta la maison le soir même contenait des mots à cet effet :

« J'aurais dû vous écrire auparavant au sujet de Murphy, ainsi que vous envoyer le chèque ci-joint. Mais, à vrai dire, j'ai été tellement intrigué par ce chien que j'ai volontairement attendu un jour ou deux avant de vous écrire. Je possède des chiens depuis de nombreuses années et de nombreuses races et tempéraments ; mais jamais, dans toute mon expérience, je n'ai rencontré de chien aussi nerveux que celui-ci : c'est pitoyable de le voir. Même la présence de mon vieux chien ne l'aide pas ; et vraiment, jusqu'à présent, je n'ai rien pu tirer de lui. Peut-être qu'il ira mieux ; mais j'en doute presque. Je me demande si, sans que vous le sachiez vous-même, le chien a été cruellement traité. Je continue de le regarder et de m'interroger, car je ne peux pas, d'une manière ou d'une autre, relier ce chien couché devant moi et ne fermant jamais les yeux avec la description que vous avez écrite de lui. Le voyage n'en tiendrait pas compte. Cependant, nous devons espérer le meilleur.

A cela vint la réponse :

« Face à ce que vous me dites du chien, je ne peux bien entendu pas accepter votre chèque, et donc le restituer. Mais s'il vous plaît, gardez le chien pendant un mois ou six semaines, ou aussi longtemps que vous le voudrez, et écrivez-moi alors à nouveau. Je vous assure que le chien est un *bon* chien. Peut-être que son environnement lui est étranger. Ils doivent être. Le vieux chien l'aidera à reprendre ses esprits, j'en suis sûr.

Quelques jours plus tard, la porte s'ouvrit et un étranger fut annoncé. Murphy était sur le foyer, comme d'habitude ; la toile et le chevalet avaient été relégués dans un coin, et l'on s'efforçait d'habituer Murphy au cliquetis d'une machine à écrire – un son sur lequel il doutait évidemment.

« Ah, Murphy ; tu es un gentil chien, n'est-ce pas ? Le chien s'était dirigé vers la porte et la grande figure du Seigneur Suprême se baissait pour le remarquer. «J'aime toujours voir où vont mes chiens, si possible», a-t-il ajouté ; « et je voulais avoir de vos nouvelles, ainsi que voir par moi-même ce qui se passait, car c'est un bon chien, un gentil chien : je le sais. Il viendra très bien. S'il vous plaît, donnez-lui du temps ; et puis, si vous ne l'aimez pas, renvoyez-le. C'est un aussi bon chien – doux, vous savez, doux – que celui que j'ai élevé. Eh bien, je peux vous l'assurer, j'ai refusé (en mentionnant plusieurs centaines de livres) — j'ai refusé cette somme pour deux de ses parents, l'année dernière seulement ; vous jugerez donc qu'il est assez bien en matière de classe.

« Pourquoi as-tu refusé ? La plupart des gens auraient sauté sur une telle offre.

«Eh bien, je vais vous le dire. Je n'aimais pas le visage de l'homme qui les voulait ; rien d'autre : j'aime toujours voir où vont mes chiens et vers qui ils vont ; et après avoir reçu votre lettre, j'ai décidé de faire le voyage jusqu'ici dès que j'en aurais le temps. C'est un gentil chien ; un bon chien, j'en suis sûr.

"Vous ne pensez pas qu'il y ait quoi que ce soit dans la suggestion que j'ai faite qui explique son extrême nervosité, n'est-ce pas ?"

"Eh bien, je sais maintenant que c'est le cas. Mais je ne suis allé au fond des choses que ce matin. Ces choses ne s'arrivent pas en une minute, vous savez. Il est très rare qu'un ouvrier se sépare d'un autre.

Puis a suivi toute l'histoire. "C'était cruel, cruel", a-t-il déclaré sur un ton saccadé à la fin, terminant par : "Autant vous le dire, je n'ai jamais aimé cet homme. Dernièrement, son travail est allé de mal en pis, et je l'ai licencié.

Il y eut un silence. Deux grands hommes étaient assis et regardaient le chien couché entre eux. Les sourcils du chien remuaient continuellement : ses yeux brillants allaient de l'un à l'autre ; et bientôt il poussa un profond soupir, comme pour dire : « Tout cela est tout à fait vrai, tout à fait vrai.

S'il y avait eu des hésitations à garder Murphy auparavant, c'était fini maintenant. Voici un chien – une jeune vie – qui avait été autrefois, et il n'y a pas si longtemps, les délices du chenil, l'incarnation même du plaisir et du bonheur légers ; le plus prometteur de tous les jeunes, et celui qui n'avait jamais commis de tort. Renvoyez-le ! Abandonnez-le ! Quel pourrait être son sort s'il partait ailleurs ? La mort? Regarde-le. Regardez ses grands yeux brillants. Ils révélaient de la nervosité, bien sûr – une nervosité inhérente, probablement. Une cruelle injustice avait été commise par cette chose stupide et par l'un de Nous. Abandonnez-le ! De toute évidence, tout ce qui était le plus précieux était en jeu et prétendait exactement le contraire.

Pourquoi une justice différente serait-elle le lot d'un chien par rapport à celle infligée à un homme ? La supériorité est-elle à sens unique ? Chaque homme sait dans son cœur que ce n'est pas le cas ; que le chien est souvent le meilleur des deux.

Comme les pensées couraient dans le cerveau !

« Murphy ? » C'était son nouveau maître qui l'appelait maintenant.

Peut-être que la présence de l'Over-Lord avait donné confiance au jeune chien : *lui* , au moins, avait été associé à des moments heureux. Murphy se leva avec hésitation et se dirigea vers la chaise de son nouveau maître, les oreilles tombantes. Il se laissa même prendre sur les genoux de ce nouveau maître, non sans une grande nervosité.

Et après cela, le Seigneur Suprême se leva et dit au revoir.

« Non, Murphy, nous ne nous séparerons pas », furent les derniers mots qu'il entendit en quittant la porte ; et c'était la dernière fois que le généreux Over-Lord était destiné à poser les yeux sur Murphy.

VI

D'autres ont ri en entendant le verdict final et ont qualifié l'entreprise de désespérée et de sentimentale. Le désespoir restait à prouver ; et, quant à la partie sentimentale de l'affaire, quelqu'un affirmait que le sentiment était au fond de la plupart des choses. Cela peut s'avérer peu pratique d'un point de vue philosophique et donner lieu souvent à une plaisanterie ; mais le sentiment, quand même, était généralement une source de force ! Sans cela, ni la nation ni l'homme n'iraient loin ; il reflétait la partie la plus noble de la nature humaine et touchait immédiatement une nation, si les drapeaux signifiaient quelque chose et devaient être suivis et mis en valeur.

Il y a eu un échange de paroles à ce sujet. Ce chien était tellement différent de Dan. Il ne s'agissait pas d'une discussion, et certainement pas sur des points abstrus. Le chien avait eu les nerfs brisés, et il faut l'admettre, à cause d'un mauvais usage. Il était probablement nerveux dès le début, et il avait donc d'autant moins de chances de guérir.

A cela s'ajoute le fait que de nombreux chiens de bonne race sont constitutionnellement nerveux et continuent de l'être toute leur vie, leur état à cet égard étant probablement dû en grande partie au développement de leur cerveau et à leur puissance d'imagination accrue.

Cela pourrait être le cas, fut la réponse ; mais quand même, et la queue ? L'organisation nerveuse de ce chien et son imagination étaient liées à son cerveau, que ses yeux montraient capable de développer. Ces points concernaient la tête. Et l'autre bout ? L'indice du caractère d'un chien, ainsi que de ses actions immédiates, réside, comme nous le savons tous, dans sa queue : l'angle sous lequel elle est tenue, la façon dont elle se déplace ou reste raide et immobile ; sa position avant un combat, sa torsion sur le côté lors de la traque, son maintien confiant lorsque le propriétaire a « levé la queue ». Autant de signaux généralement reconnus par l'homme comme par les autres chiens. En admettant tout cela, que fallait-il dire ici ? Ce chien était maintenant dans la maison depuis plusieurs jours, et personne n'avait apparemment vu sa queue : elle était maintenue fermement vers le bas, et de manière à laisser penser que si elle avait été assez longue, elle aurait été bien entre ses jambes.

A ce moment-là, quelqu'un dit qu'il l'avait vu une fois, et qu'il était touffu ; le seul effet de cette remarque étant de susciter la réplique : « *alors* il a voulu tirer ». Un autre affirmait que, bien sûr, on ne pouvait rien espérer tant qu'il n'avait pas relevé la queue : il s'agissait de savoir comment assurer une condition aussi essentielle dans le cas de la queue de ce chien en particulier. Sans doute la première chose à faire était de lui faire prendre l'habitude de se tenir debout : il était évidemment impossible de tenter quoi que ce soit avec la queue avant d'y parvenir. Jusqu'à présent, son attitude était mieux décrite comme étant celle d'une position couchée. Si quelqu'un bougeait, il s'accroupissait encore plus bas ; si on le persuadait d'entrer dans une autre pièce que celle qu'il avait particulièrement appréciée, il rampait ; s'il y avait un mouvement ou un bruit brusque, il était frappé de terreur ; et, ajouté à tout cela, il était évident qu'il ne pourrait jamais être un chien de garde, car il refusait de dormir seul.

Bien sûr, il aurait dû repartir ; et toutes ces idées de « le ramener à la vie », de lui donner une autre chance et une vie heureuse, n'étaient que de grandes conneries.

Face à de tels arguments, fondés, comme ils l'étaient évidemment, sur un témoignage universel, même la foi de la personne la plus directement concernée et entièrement responsable devait, a-t-on jugé, finir par céder.

Mais si les conseils et les opinions ne parvinrent pas à modifier la décision prise, ils ne fournissèrent pas non plus de réponse à la question capitale : comment, étant donné qu'il fallait le garder, gagner la confiance de ce chien ? Il y avait de l'espoir en Dan, bien sûr. Il lui apprendrait beaucoup de choses et lui dirait bien d'autres choses encore. Une grande confiance a été placée dans cette direction. Mais qu'en est-il de la formation générale ? Ce chien se déchaînerait, serait désobéissant et indiscipliné, chasserait quand et où il ne devrait pas, comme les autres chiens avant lui, ou même courrait des moutons. Si ces choses se produisaient, que fallait-il faire ? Le battre serait presque un acte de cruauté de la part d'un chien d'un tel tempérament : cela pourrait le rendre plus nerveux que jamais, même s'il pouvait être attrapé dans ce but et lui faire comprendre les rudiments de la cause et de l'effet. Dan avait appris à « venir se faire tabasser », lorsque cela était nécessaire, et il fut convoqué avec les mots les plus inquiétants. Il serait peut-être possible d'enseigner à Murphy de la même manière : les chiens, d'une manière ou d'une autre, étaient presque universellement capables de faire la différence entre la justice et l'injustice et n'éprouvaient aucun ressentiment. La réflexion donnait du relief. Pourtant, quel serait l'effet sur ce chien si Dan était en difficulté et se mettait à crier « Meurtre », comme il le faisait habituellement bien avant de sentir le bâton ?

Les problèmes étaient nombreux et se multipliaient à mesure que l'on examinait l'ensemble de la question. Deux choses se sont formées à partir du premier : il doit y avoir une équité et une justice absolues ; et, ce qui n'était pas moins important, il ne devait jamais y avoir aucune trace d'emportement dans ce qu'il fallait faire, si difficile que fût l'affaire. Montrer de la colère, donner un coup supplémentaire lorsque le bâton est levé, se précipiter un instant, ce serait échouer ignominieusement, pour le malheur mutuel des deux.

L'ensemble de l'entreprise était donc évidemment semé d'embûches. Pourtant, la foi déclarait ainsi : par la bonté, la sympathie et la maîtrise de soi, la fin pourrait être atteinte, la confiance retrouvée, la jeune vie remise en contact avec le bonheur.

En examinant l'aspect ultérieur de la question, il semblait plutôt que, pendant que l'homme essayait de dresser le chien, le chien pouvait également dresser l'homme tout le temps. Voilà un homme pas très fort, dont l'organisation nerveuse était brisée et dont la confiance était entièrement ébranlée. Récupérer ce qui avait été perdu serait déjà assez difficile dans le cas d'un homme ; comment cela se passerait-il dans le cas d'un chien ? Curieusement aussi, les conditions de vie d'aucune des deux parties n'étaient ici normales — dans un cas, elles n'auraient jamais pu l'être. Et pourtant, voilà que ces deux-là étaient, par le plus pur hasard, juxtaposés. Un lien étrange se tissait apparemment, tout à fait inconnu de tous deux, et les liait fermement l'un à l'autre, sans qu'aucun d'eux n'en ait conscience.

Ce n'est qu'après un certain temps que la position a pris une forme plus précise et que la question s'est répétée : et si la sympathie grandissait et s'épanouissait en quelque chose de juste, avec l'amour et la confiance mutuelle comme accompagnements ? Cela pourrait peut-être se produire. Cette pensée ajoutait de l'intérêt au problème à mesure qu'elle flottait dans l'esprit et se perdait à nouveau.

Il n'y avait rien d'inhabituel dans cette situation possible ; cela s'était produit encore et encore. L'histoire en a fourni d'innombrables exemples. Le folklore, avec ses racines dans la vérité, racontait d'innombrables histoires de même nature. Le chien et l'homme ; l'interdépendance des deux : êtres vivants partageant des passions similaires — partageant des passions similaires ; confrères, l'avancement de l'un ayant suivi celui de l'autre, jusqu'à l'époque où, à la préhistoire et au néolithique, comme le montrent les ossements retrouvés, le chien partageait la demeure des l'homme et prenait sa nourriture - dès l'époque où les Égyptiens, bien qu'ils le traitaient d'impur, adoraient cet animal et, à cause de sa fidélité et de son courage, lui donnaient une place parmi trois qui devaient partager avec eux la joies du Paradis.

La même histoire se perpétue à travers tous les âges. Même Ulysse pouvait verser une larme pour Argus, cachant tant bien que mal ce fait à Eumée ; et Tristrem et Ysolde, dans la légende, prirent Hodain pour compagnon intime, parce qu'il avait autrefois partagé avec eux « la boisson de la puissance ». De même, le grand Théron marchait comme le proche compagnon du roi gothique ; et Cavall devint le fidèle serviteur et homme lige du roi Arthur. L'énorme chien blanc Gorban était toujours assis aux côtés du barde gallois Ummad pendant qu'il chantait ses chansons ; et la belle Bran était l'amie pour la vie de Fingal. La plupart des hommes ont entendu parler de l'épagneul de

Guillaume le Silencieux, qui sauva la vie de son maître ; et beaucoup ont peut-être vu la forme du chien, façonnée en marbre blanc, couchée aux pieds de son maître sur le tombeau bien connu de Delft. Nous avons chacun lu Maida de Scott. Et si certains, peut-être, ont fait un pèlerinage sur ce long et étroit monticule de la vallée de Gwyant qui, selon la tradition, marque le lieu de repos de l'immortel Gelert, d'autres ont entendu parler du fidèle Vigr qui ne goûta plus jamais à la nourriture quand il apprit qu'Olaf, son maître, gisait mort.

Les histoires sont sans fin ; et la romance ne connaît pas de limites lorsqu'elle aborde le sujet. Les vies de l'homme et du chien se révèlent toujours liées. Pourtant, il y a toujours ceci en plus : la rupture dans le luth et le refrain familier, que la vie du chien sera courte et que l'homme continuera son chemin la tête baissée, jusqu'à ce qu'il redevienne riche. dans l'amour d'un nouvel ami, si cela est toujours possible.

Aucun homme, a-t-on dit à juste titre, ne peut être considéré comme malheureux s'il possède l'amour d'un chien ; et personne n'est trop pauvre pour la gagner, comme personne n'est trop élevé pour s'en réjouir et s'en réjouir. Le chien, au moins, ne connaît aucune différence de classe ou de place dans ses attachements. Pour lui, sa maison est sa maison ; son maître, son maître et son ami, que ce soit pour suivre le vagabond sur la route, ou pour suivre un roi jusqu'au tombeau. Et peut-être est-ce dû au mystère qui se cache derrière cette merveilleuse intimité et cette connexion, remontant très loin dans un passé tout à fait caché, que frapper injustement le chien d'un autre homme équivaut à le frapper ; que blesser un chien avec intention, c'est gagner le pire des caractères et souiller son espèce ; et que pour un chien, avoir des ennuis et réclamer de l'aide, c'est aussi réclamer le cœur de l'homme – et même, comme cela s'est produit à maintes reprises, la vie de l'homme – à la gloire infinie des deux.

Et ce n'est pas seulement du côté de l'homme que de tels actes d'héroïsme ont été accomplis. L'homme, la femme et l'enfant sont sans doute allés à maintes reprises au secours du chien au péril de leur propre vie ; mais de même le chien a risqué le sien pour le bien de l'homme – non pas pour une quelconque prétention morale, non pas parce que la vie est une chose précieuse et doit être sauvée, non pas à cause de ce pouvoir qui le pousse et dont le don principal est le sens de l'après. - une satisfaction qui vient même aux plus désintéressés ; de telles choses sont nécessairement hors de portée de l'esprit du chien. Ce que fait le chien est par amour, à cause de sa foi et parce que, contrairement à tout autre animal vivant, il pense, dans son altruisme, plus à son ami qu'à lui-même.

Au bord d'un lac de Travancore, non loin du cantonnement reculé de Quillon, se dresse un monument à la mémoire d'un chien. Il devait surveiller les vêtements de son maître pendant qu'il se baignait. On le vit bientôt faire tout ce qui était en son pouvoir pour attirer l'attention, en aboyant et en courant avec enthousiasme d'avant en arrière sur le rivage. Une ondulation avançante fut alors discernée sur la surface lisse du lac, et l'instant suivant, la signification de cette image apparut clairement. Un crocodile s'était interposé entre le nageur et le débarcadère et sortait pour s'emparer de sa proie. L'espoir aurait pu être anéanti face à une telle situation. Mais le chien n'a pas hésité. Plongeant dans l'eau, il nagea pour se placer entre l'horrible reptile et son maître, et ainsi le faire fuir. Cela signifiait sa propre mort certaine ; mais le sauvetage de la vie de son maître. Un instant après, il y eut une violente agitation de l'eau, et le chien disparut pour toujours. Ainsi, pour témoigner de son action splendide, ce monument bien connu, érigé par son maître avec la plus profonde gratitude, et pour que les passants puissent apprendre de quoi un chien est capable.

L'incident n'est pas unique en son genre et peut être laissé parler de lui-même. Mais l'influence de cet acte unique a probablement été mondiale ; et c'est grâce à l'exposition de telles qualités que la puissance morale du chien atteint des limites plus grandes qu'on ne le suppose généralement. Il existe en effet de nombreuses preuves permettant de croire que les beautés souvent décelables dans le caractère du chien réagissent inconsciemment, et pour un bien infini, sur les plus rudes de notre espèce – en réclamant le altruisme de la part de ceux qui autrement pourraient prétendre posséder peu ; en montrant ce que l'amour peut être sous le stress et la tension, les difficultés et les conditions difficiles ; par l'exposition de patience et de fidélité; par ces instincts qui poussent les spectateurs les plus dépravés à s'arrêter, à réfléchir et à poser la question sèchement : « D'où cela vient-il ?

Hypatie de Kingsley , Raphael Ben Azra, la tête remplie d'une fausse philosophie, est amené encore et encore à agir autrement qu'il ne le ferait par le dogue Bran.

Le « chien le regarde en face comme seul un chien peut le faire » et l'oblige à la suivre et à revenir sur ses pas contre son gré. Il y a ses chiots. Doit-elle les abandonner à leur sort ? Il lui dit de choisir entre les liens de famille et le devoir : c'est une forme d'appel spécieuse. Pour elle, les devoirs commencent par la famille ; les chiots ne peuvent pas être laissés pour compte. Elle ne peut pas non plus les porter elle-même. Elle prend Raphaël par la jupe, après lui avoir amené les chiots un à un. Il doit les porter, lui dit-elle ; et une fois de plus, il se retrouve à faire le contraire de ce qu'il ferait : les chiots sont transférés dans sa couverture, et lui et son chien avancent ensemble.

« Après tout, se dit-il, ceux-là ont autant le droit de vivre que moi... En avant ! où tu veux, vieille dame. Le monde est vaste. Vous serez mon guide, mon précepteur, la reine de la philosophie, à cause de votre simple bon sens.

Il continue ensuite à piétiner, « en essayant de mémoriser les leçons du chien ». Il se surprend à demander conseil au chien, jusqu'à ce qu'il s'écrie avec irritation : « Arrêtez ces instincts brutaux ! Ils en font un très chaud.

Enfin, grâce aux moyens du chien et à l'exemple d'énergie qu'elle donne, il contribue au sauvetage du père de Victoria. Puis, alors que la jeune fille distraite se jette à ses pieds et l'appelle « son sauveur et libérateur envoyé par Dieu », même Ben Azra doit admettre que le mérite n'en revient pas en réalité. « Pas du tout, mon enfant », s'exclame-t-il. "Vous devez remercier mon professeur, le chien, pas moi."

Les expériences du philosophe dans le roman ne sont que celles de nombreuses personnes dans la vie réelle. L'homme n'est pas le seul agent civilisateur dans ce monde aux nombreux mystères. Et si l'on s'exclame souvent : « Dérangez le chien ! nous devons encore très souvent le suivre là où il nous mène, et souvent jusqu'à notre enrichissement le plus définitif en fin de compte.

VII

Il a fallu quatre mois avant qu'une amélioration soit perceptible ; il a fallu un an avant que l'on puisse réellement dire que la confiance s'était renforcée. Dans certaines directions, il n'a jamais augmenté. Par exemple, parmi les ouvriers, les jardiniers, etc., Murphy est toujours resté timide. Ce n'était pas dans un esprit impitoyable, car il était parfaitement poli ; il ne leur devait pas non plus de rancune, les rancunes étant généralement interdites par la loi sur les chiens et réservées aux personnages les plus pauvres de tous. Ainsi il ne se familiarisa jamais, même avec ceux qu'il rencontrait quotidiennement : sa mémoire était phénoménale, et en passant de l'autre côté il montrait que ses associations dans ce sens étaient malheureuses.

Il appartenait à ce chien de vivre une vie très tranquille et d'être jeté avec peu de chiens ou d'hommes. Ses journées étaient réglées par les actions de son maître, et celles-ci étaient elles aussi réglées, nécessairement, par la méthode. Les semaines se succédaient, suivaient leur cours et ne variaient pas beaucoup les unes des autres. Il y avait le travail quotidien, un travail presque incessant, la vie n'étant supportable que de cette façon et d'aucune autre. Il y a eu la pause, en milieu de matinée, d'une course d'un quart d'heure, beau temps, mauvais temps. Il y avait aussi la traversée du pays l'après-midi, également indépendamment de la météo. Il y a eu le tour de nuit dans des conditions similaires. C'était le jour du chien en hiver ; peut-être aussi celui de l'homme. Au printemps et en été, tous deux vivaient à la belle étoile et considéraient leur maison uniquement comme un endroit où dormir. L'habitude est une seconde nature. Les intérêts étaient nombreux et, dans certaines directions, parallèles, les instincts sportifs, en particulier, étant tout à fait indéracinables. La vie pour tous deux était donc extrêmement heureuse ; et la vie devenait toujours plus heureuse avec l'amitié : c'est ainsi qu'il devrait être.

Avec ceux qu'il a rencontrés, Murphy était génial, bien que timide. Il a commencé à aimer les membres de son petit cercle familial ; bien que trois des membres du quatuor aient jamais affirmé qu'en réalité, il n'aimait qu'un seul entièrement et entièrement, et s'accrochait à lui d'une manière que d'autres remarquaient - les gens du pays se référant toujours à eux, dans tout le pays, comme "Lui et son chien". .»

N'étaient-ils pas toujours ensemble ? Les bergers des collines les reconnaissaient de loin, car les bergers voient loin. Les chiens de bergers les connaissaient également bien, et c'est eux qui voient le plus loin. Les laboureurs dans les creux les apercevaient à l'horizon dans la journée d'hiver déclinante, lorsque l'équipe commençait à se lasser comme eux-mêmes — ce dernier fait aussi fit crier à pleins poumons ces meilleurs hommes : « S'il vous plaît, voulez-vous nous dire le temps!" L'homme avec la perceuse à main semant les graines de printemps ; les gens les plus pauvres, hommes et femmes avec leurs seaux, ramassant des pierres dans le froid automnal ; les éleveurs qui ramenaient le bétail à la maison, ou les appelaient des champs luxuriants avec le claquement d'un fouet – le printemps et la récolte, toutes les saisons ; dans le vent et la pluie, dans la grande chaleur, dans la neige et le blizzard, c'était toujours pareil. Et ainsi, dans ce pays découvert, où il y avait de grands bois, mais où les haies étaient presque inexistantes, les hommes du pays levaient la tête et faisaient, d'un coup de tête, la remarque à leurs camarades : « C'est lui. et c'est un chien ; voir?"

En dehors du cercle familial – même si, bien sûr, un chien fait, ou devrait toujours être considéré, un membre de la famille – la passion de Murphy était pour Dan. Il se levait invariablement lorsque Dan entrait dans la chambre, et le léchait souvent plusieurs fois sur les lèvres : il lui prêtait toutes sortes d'attentions ; l'a intimidé pour qu'il joue à l'extérieur ; je l'ai réveillé quand il a jugé qu'il ne convenait pas qu'il dorme ; et, en fait, il en fit à nouveau un jeune chien pendant un certain temps, même si Dan était vraiment vieux. Il devait déjà beaucoup à Dan, car Dan l'avait initié à bien des choses concernant les lapins, les rats et autres, que tout chien qui se respecte devrait connaître. Ainsi, le vieux chien étant un sportif invétéré, Murphy emboîta le pas – et tous deux furent, à tous risques, encouragés à l'être.

À mesure que Murphy se meubleait et devenait plus fort, il devenait naturellement plus beau, jusqu'à ce que les passants se retournent et remarquent le couple : le vieux chien et le jeune, allongés patiemment sur la rive de la rivière, tandis que quelqu'un faisait des choses mystérieuses avec de la peinture ; ou bien on les voyait revenir ensemble le soir, assis côte à côte à l'arrière d'un bateau. Ils formaient certainement un couple très rare.

Le personnage de Dan était, bien sûr, complètement formé depuis longtemps, et c'était un personnage vraiment merveilleux, comme nous l'avons déjà raconté. Celui de Murphy était encore en préparation. Si toute la première année avait été une période difficile, les quatre premiers mois auraient très bien pu décourager quiconque entreprenait une tâche de cette nature. L'idéal visé ne devait jamais être perdu de vue, mais, comme la plupart des idéaux, il avait parfois l'habitude de s'éloigner presque au-delà de la portée de l'espoir. Ce n'était pas que le chien faisait continuellement des erreurs. Peut-être que cela aurait été mieux s'il l'avait été, car alors il y aurait eu quelque chose de tangible. La difficulté consistait à faire comprendre au chien ce qu'il ne devait pas faire, sans l'effrayer, sans se fâcher et sans s'emporter. Dresser un chien qui prend ses coups, se secoue, redresse ses oreilles et se prépare pour le suivant, sans se soucier des conséquences, n'est pas au-delà de l'esprit de l'homme, bien que ce soit peut-être un don. Mais que faire face à un chien terrorisé, même si la voix est élevée ? Cette position constitue à sa manière une période de probation aussi belle que celle qu'un homme obstiné pourrait désirer ; et là, la question peut être laissée.

Le philosophe nous dit que l'on avance plus sûrement en faisant des erreurs qu'en suivant des lignes plus généralement considérées comme justes. Murphy a suivi la première voie, apparemment correcte, comme d'autres avant lui. Le premier véritable pas qu'il fit fut donc lié à une erreur, et cela lui fit un bien fou. C'est arrivé comme ça.

En guise de préface, quoi de plus irritant pour un chien qu'un mouton ? Le maître et le chien rentraient ensemble à la maison et étaient constamment assaillis par un groupe d'une douzaine de personnes. Tous deux convenaient que si les attentions si librement accordées avaient un réel courage, la vision que l'on avait des débats pourrait être quelque peu modifiée. Mais tous deux savaient bien qu'il n'en était rien ; que la façade audacieuse était une imposture, que la curiosité était à l'origine de tout cela, et que cette funk remplissait en réalité chacun de ces douzaines de cœurs, même si leurs propriétaires se précipitaient en avant ou levaient la tête et frappaient du pied.

Combien de temps Murphy résisterait-il à une telle effronterie ? C'était la question du moment. Jusqu'ici, il l'avait suivi de près, la queue baissée, même s'il est juste de dire que depuis peu, il en était venu à la porter dressée. Peut-être que les moutons se sont approchés plus près qu'aucun chien spirituel ne pourrait le supporter, ou que l'un d'entre eux a effrayé les autres et qu'ils ont commencé à s'enfuir. En un instant, tout fut fini ; les moutons avaient tourné la queue, et Murphy les poursuivait et avait même retrouvé sa voix.

Le champ faisait trente-cinq acres, il lui restait donc tout l'espace nécessaire pour les transformer d'un côté à l'autre. Bien entendu, continuer à appeler était inutile. Le temps était mieux employé à maîtriser les sentiments et à décider de ce qu'il fallait faire. Pour aggraver les choses, on a vu le fermier lui-même regarder les débats depuis une porte éloignée. Il s'attendrait sans aucun doute à ce que la loi soit appliquée et que les chiens qui gardaient les moutons soient soit dressés vers de meilleures voies, soit abattus. Cela ne faisait aucune différence que les moutons ne lui appartenaient pas mais étaient « en harnachement » dans ses champs. Ce qui était leur lot pourrait être le sien un autre jour. Une raclée était donc désormais impérative. Mais comment cela devait-il être administré, alors que la seule arme était un bâton de tir et que le site était au milieu d'un grand champ d'herbe ? La meilleure chose à faire était de s'asseoir et d'être patient.

Une partie de l'éducation du chien consistait déjà en ce qu'il devait s'arrêter lorsque son maître s'arrêtait et que lorsque ce dernier s'asseyait ou se couchait, il devait entrer. Il avait déjà réagi d'une certaine manière à cet entraînement, et maintenant il a laissé tomber son jeux avec les moutons, les quitta et revint lentement. Il devina que quelque chose allait se passer au silence solennel de son maître et s'approcha donc avec prudence. Il n'est jamais nécessaire, dans le cas de délits ordinaires et avec des chiens ordinaires, d'être trop sévère avec le bâton - si un bâton approprié est à portée de main, ce qui n'est généralement pas le cas. Une conférence et une secousse font également l'affaire, avec un ou deux coups avec un bâton pour montrer que c'est là. Aussi provocant qu'ait été l'incident, c'est ce dernier que Murphy a dûment reçu. Le bâton de tir fut brandi en l'air, et le chien cria : « Meurtre », longuement et haut. Le délinquant était évidemment en train de l'attraper, jugea le fermier ; et il agita le bras et disparut.

Cela a été gagné, de toute façon : et le chien ? Il avait appris ce que signifiait le bruit du bâton de tir. Il avait également appris qu'il fallait souffrir les moutons de manière stupide et irritante, et non les chasser. Pendant un court moment, il prit l'affaire à cœur, étant toujours terriblement déprimé dès qu'il pensait avoir mal agi. Mais il se rétablit bientôt et montra une contrition de la manière gagnante qu'il avait maintenant commencé à acquérir : en s'approchant timidement par derrière et en s'efforçant d'atteindre les doigts de la main de son maître.

L'ensemble de l'épisode s'est avéré un succès – du moins du point de vue de l'homme ; dans le cas du chien et du mouton, il était sans doute coloré. Murphy avait certainement acquis confiance en lui grâce à ce qui s'était passé, tout comme un garçon peut le faire lorsqu'il se retrouve à la chasse pour la première fois et se retrouve moins blessé qu'il ne l'aurait imaginé en effectuant un saut périlleux. Ajouté à cela, il y avait aussi un gain dans le fait qu'à partir de ce jour, il était immaculé avec les brebis, comme nous le verrons.

Bien que Murphy ait été rapidement jugé comme quelqu'un qui était «né bon», et qu'il ait continué à être ainsi considéré toute sa vie, il ne faut pas supposer qu'il n'a jamais transgressé et n'a donc jamais encouru la punition d'une secousse. Il était canin, comme les hommes sont humains ; les deux termes sont également synonymes d'erreur, et les fautes, d'une manière ou d'une autre, doivent être corrigées. Mais dans son cas, les fautes dont il était coupable se limitaient presque invariablement à celles d'une description insignifiante et irritante : manifestation de nervosité alors que cela n'était pas nécessaire, échec dans la reconnaissance de son nom, incapacité permanente à s'écarter du chemin. de la circulation sur les routes, ce qui rendait les promenades sur les routes très rares, et bien d'autres de même nature. S'il en avait été autrement, où aurait été la formation pour les deux ? D'un côté, il y a toujours eu l'idéal de permettre à ce chien de reprendre confiance en l'être humain et de faire de lui le garçon joyeux et heureux qu'il avait été ; de l'autre, il s'agissait de savoir si cela pouvait se faire sans perte d'espoir face à des échecs répétés et presque continus, et sans faire preuve d'irritabilité ou de colère lorsque les provocations surgissaient d'abord vingt fois à chaque fois. jour.

Il n'a jamais été question de son courage. Par exemple, à maintes reprises, il chargeait dans une haie vive lorsque son nez lui disait qu'un rat était là, et il en ressortait une masse d'épines, et avec le rat fixé sur sa lèvre ou sa joue. Il lui suffirait alors d'abattre le rat avec sa patte avant sans gémir, et de le maintenir enfoncé pour que quelqu'un d'autre puisse venir le tuer, car il semblait incapable ou peu disposé à tuer quoi que ce soit lui-même. D'autre part, il avait l'habitude de s'approcher directement des chiens les plus sauvages – plusieurs fois au péril de sa vie, dans le cas de combattants célèbres deux fois plus grands que lui – et, par ses manières ou son charme, il s'en sortait invariablement inoffensif. .

On ne pourra jamais lui faire comprendre - et c'est une honte maintenant de se rendre compte de l'irritation que cela a provoqué à maintes reprises - que tous les chiens du monde, pas plus que les autres habitants du monde, ne sont pas nécessairement nos amis. , ou même l'intention d'être amical ; et que les chiens, comme ceux qui les entourent, ont fréquemment l'habitude de se quereller et de se déchirer sans se soucier de leurs sentiments, et avec peu de cet esprit de donnant-donnant que l'on pourrait dire ailleurs qu'exigent la vie et le sort commun.

On lui disait souvent ces choses, mais si, comme beaucoup de ses semblables, il avait l'air de comprendre, il n'a jamais vraiment douté jusqu'au bout que les autres chiens étaient au moins, et par nécessité, ses amis. Il n'a pas courtisé leur entreprise. Ils semblaient souvent l'ennuyer, et de plus en plus à mesure qu'il vieillissait ; mais il avait une curieuse façon d'en inviter chez lui, et il n'était pas rare de trouver le matin dans le hall un chien étrange qu'il avait parfois amené de loin.

De cette hospitalité, il donna un jour un exemple remarquable. Le chien d'un voisin avait des manières incertaines, envers les chiens comme envers les hommes. Un soir, il est venu m'appeler. Or, le dîner de Murphy était toujours servi à six heures dans un coin de la salle, et il venait juste d'être apporté lorsque ce visiteur apparaissait. Pour ne pas être en reste en termes d'hospitalité, Murphy lui montra immédiatement le repas qui avait été servi et resta là pendant que l'autre mangeait, bien qu'il n'ait lui-même rien mangé depuis le petit matin et qu'il aurait pu, s'il l'avait voulu, frapper à la porte. étranger au fameux bicorne. Tout ce qu'il fit fut de remuer la queue et d'avoir l'air content, alors que son dîner disparaissait lentement. Mais après tout, de tels épisodes appartiennent à une époque ultérieure, où il était devenu presque humain ; quand — autant l'avouer maintenant — il en vint à aimer la compagnie des hommes plus que celle des chiens, quand la confiance fut retrouvée et le bonheur — bonheur qui, avec ceux qu'il connaissait et aimait, se manifestait d'une manière intense et intense. joyeuse joie de vivre – avait enfin été retrouvée.

Une autre particularité chez lui, ou plutôt l'accomplissement qu'il possédait, doit être remarqué ici, car, avec une expérience de toute une vie avec les chiens, aucun parallèle ne peut être rappelé, ni n'a été rassemblé ailleurs. Tout d'abord, il était certainement musicien, et souvent après une longue journée de travail, lorsque le paysage extérieur était hivernal, morne et humide, et que le piano était ouvert et battu pour la joie du son et du soulagement, Murphy se levait de son tapis. et viens te coucher près des pieds de son maître. Il ne chantait ni ne hurlait à ces occasions, de la même manière que chez de nombreux chiens, cela donne l'impression que la musique est une douleur. Au contraire, il restait tout à fait silencieux, se contentant d'un soupir et d'un léchage de lèvres qui donnait presque l'impression qu'il aurait dit, s'il avait pu : « Rejoue ça, tu veux ?

C'est cependant d'ailleurs. Ce dans quoi il excellait, c'était ce qu'on appelle généralement parler. Le son n'était pas un hurlement, ni semblable à celui-ci ; cela venait du plus profond de sa gorge et avait un ton grave, les inflexions étant produites en même temps par les mouvements de la mâchoire. Lui poser une question, c'était généralement obtenir une réponse de cette manière, mais rarement à l'extérieur, où son attention était nécessairement distraite. Mais une fois commencé, il continua à répondre, et ainsi à tenir une assez longue conversation. C'était son seul truc, si tant est qu'on puisse le qualifier ainsi, car il l'avait entièrement développé lui-même. De trucs proprement dits, il n'en connaissait aucun, et tout au long de sa vie, il refusa entièrement d'en apprendre. Peut-être que Dan, dont le répertoire était vaste, lui avait dit à quel point ils étaient ennuyeux et l'avait conseillé de faire tout son possible pour les éviter.

VIII

Environ un an après l'arrivée de Murphy, Dan fut réuni auprès de ses ancêtres et le deuil régnait dans toute la maison pendant plusieurs jours. Pour l'un au moins, sinon pour davantage, la remarque d'Alphonse Karr tenait bon — *On n'a dans la vie qu'un chien* — et Dan était ce chien. Sa vie avait été longue ; il avait conquis tous les cœurs ; il avait fait beaucoup de choses merveilleuses, en plus de remplir ses devoirs de fidèle connétable du lieu dans lequel son sort était jeté ; et maintenant, aimant et bien-aimé, il était mort. Telles étaient les données à partir desquelles son épitaphe devait être élaborée. L'homme ne pouvait désirer mieux. Avoir été aimé, voilà, en fin de compte, la grande chose, car elle englobe toutes les autres. Un autre écrivain français a considéré qu'il s'agissait du plus grand éloge funèbre qui puisse être accordé, et il semble qu'il ne se soit pas trompé, que nous ayons devant nous des chiens ou des hommes.

L'un des derniers actes de Murphy par son grand-père reflétait son propre caractère, tout autant que les relations affectueuses existant entre lui et Dan. Il était d'usage, après le dîner, de donner aux chiens certains biscuits qu'ils aimaient particulièrement, et ils s'asseyaient côte à côte pour les recevoir. Un soir, alors que la boîte à biscuits était sortie comme d'habitude, Dan était absent. Il était vieux ; probablement endormi : mieux vaut laisser Murphy avoir le sien et en finir avec ça. Le jeune chien refusait de répondre à de telles suggestions ; et pour le moment son attitude était imputée à un accès de timidité, car ces biscuits-là étaient irrésistibles. Bientôt, il commença à aboyer et à courir d'avant en arrière vers la porte. Laissé passer, il courut vers un autre, en trouva un troisième ouvert, et revint aussitôt dans une parfaite extase de plaisir, avec le vieux chien à ses côtés. Il a ensuite évoqué l'extraordinaire stupidité qui avait été démontrée dans un discours long et complet. Prendre le pas sur les vieux, ou ne pas les traiter à tout moment avec respect, était évidemment, à son avis, une mauvaise chose. Du moins, c'était son texte.

Le dernier lieu de repos de Dan était, bien sûr, dans le cimetière des chiens de la maison familiale. Mentir là était le plus grand honneur qui puisse être accordé, et Dan l'avait entièrement mérité. De nombreuses générations de chiens reposaient dans et autour de ce coin, et l'endroit, s'il n'était pas consacré, était du moins considéré par la plupart comme très sacré.

C'était ça. Un angle d'un vieux mur de briques en ruine, face à l'ouest, faisant partie d'un ancien jardin, de belle couleur et envahi par le lierre. De grands arbres tout autour ; et les vastes étendues d'un parc, où les lapins jouaient pendant les longues soirées, s'étendaient de tous côtés. Une haie de houx et ha-ha ont empêché l'intrusion ; mais ceux qui y étaient invités trouvèrent dans ce paisible piège solaire de nombreuses pierres tombales, portant des noms, des dates et des épitaphes. A proximité, un chemin, le long duquel les membres de la famille allaient et venaient souvent, menait à un autre coin tranquille, où une flèche bien connue se dressait au-dessus des arbres. De ce dernier résonnait par intervalles la musique des cloches, carillonnant ou sonnant solennellement, et sous son ombre dormaient d'autres gens, qui avaient autrefois parcouru le monde avec ces mêmes chiens de plusieurs générations, méritant des épitaphes pas meilleures, même si elles étaient aussi bonnes, que ils. Se coucher dans l'un ou l'autre, voyant ce qui arrive à certains, pourrait bien être considéré comme un coup de chance pour le chien ou pour l'homme.

Il n'en a pas toujours été ainsi pour les chiens, ici ou ailleurs, quoi qu'il en ait été pour les hommes. Dans les souvenirs de tous les âges passés, les chiens étaient attachés à des chenils par de lourdes chaînes, rarement autorisés à entrer dans la maison, nourris à des heures incertaines et sortis à des heures encore plus incertaines, voire pas du tout. Ils sont souvent laissés à hurler le temps pendant la journée et à aboyer pour dormir la nuit. Et quand tout fut fini, la vie ayant été souvent abrégée par la maladie, arriva l'homme à la bêche, chargé de ce travail, pour remplir la dernière des fonctions, et mettre dans un lieu de repos pratique le chien qui avait fait sa journée. .

Nous sommes sortis de tout cela maintenant et nous nous en réjouissons plutôt. Nous avons modifié nos opinions concernant la place et l'environnement appropriés de nos chiens ici ; et beaucoup d'entre nous n'ont pas honte d'avouer que nous avons des opinions fermes sur leur place et leur environnement dans l'avenir. Nous avons aussi nos chiens-médecins, nos infirmeries pour chiens, nos maisons et nos œuvres caritatives et, en fin de compte, les cimetières isolés de nos chiens. De telles choses, dans le cas des animaux muets, indiquent, à notre avis, un degré supérieur de civilisation, et bien d'autres choses encore.

Mais n'oublions pas que d'autres, dans le passé, nous ont précédés, et très loin, sur cette même voie dont nous parlons souvent avec tant d'onction. Dans l'Égypte ancienne, les chiens portaient des noms, que l'on retrouve inscrits à de nombreux endroits. Ils étaient les favoris de la maison et en faisaient constamment grand cas. Ils portaient aussi des colliers, et souvent des colliers pas bon marché ; et tout comme ils étaient partout admis dans la maison, de même, il y a si longtemps, on leur parlait et on les faisait aussi parler. Des légendes ont été tissées sur leurs actes et leurs manières. Et si, dans de nombreux cas, ils étaient petits et insignifiants, avec des jambes courtes comme les Dach ou, peut-être, les Aberdeen, une confiance implicite était placée dans leur fidélité en tant que gardiens du foyer et de la famille. Bien sûr, il y avait des hommes plus grands pour remplir les tâches les plus lourdes, comme l'énorme Kitmer, le chien des Sept Dormants, à qui Dieu permit une fois de parler et de répondre de lui-même et des autres pour toujours. « J'aime ceux-là, dit-il, j'aime ceux qui sont chers à Dieu : allez donc dormir et je vous garderai. »

C'était sûrement suffisant. Et puis il y avait Anubis, à qui on avait donné une tête de chien et un corps d'homme : il était adoré comme une divinité et le génie du Nil, qui avait ordonné la crue du grand fleuve à la saison convenable depuis le début de l'humanité. monde, et dont les actions de cette manière furent marquées par l'arrivée de l'étoile du Chien, avec soixante-dix fois plus de puissance que le soleil, la plus brillante de toutes dans le dôme pourpre de la nuit.

Un animal tel que le chien, même s'il était muet, ce qui, en justice, pouvait difficilement être considéré comme ayant droit à une considération jamais accordée à autrui, et l'a donc dûment reçu à tout moment dans ce pays éclairé. Et pas seulement dans les années éphémères de son existence, mais également lorsqu'il s'est couché sous la main commune de la mort. Le chien, en ces temps oubliés, recevait l'embaumement, tout comme son maître et sa maîtresse, puis était transporté avec quelque solennité au cimetière réservé aux chiens dans chaque ville. Et après le dernier adieu, la famille à laquelle il avait appartenu retourna dans sa maison et prit le deuil de son ami et fidèle tuteur, se rasant la tête et s'abstenant pendant un temps de nourriture. Il en était de même pour les chiens il y a des milliers d'années. Depuis, nous n'avons pas beaucoup progressé.

Murphy n'a pas été informé de beaucoup de ces dernières choses, même si l'obscurantisme doit toujours être totalement condamné. On a pensé qu'il valait mieux qu'il ne les connaisse pas, ni d'autres faits plus sombres liés aux temps scientifiques modernes, de peur qu'ils ne donnent lieu, par hasard, à des réflexions étranges et peu orthodoxes dans un cerveau aussi actif que le sien.

Quand le jour vint où le meilleur ami de Dan – elle l'appelait « le meilleur de tous » – partit en voyage, pour voir le dernier d'entre lui, Murphy et son maître, laissés seuls, se tournèrent naturellement dans leur conversation vers l'endroit où Dan devait être exposé, ainsi que les actes de nombreux autres chiens qui avaient vécu et aimé et avaient eu le bonheur suprême d'y chasser tout au long de leur vie. Certains étaient bons, et d'autres, enfin, pas si bons. D'autres n'étaient pas très intéressants, même si cela se résumait généralement en une question d'opinion. A ces derniers s'opposaient quelques-uns des plus beaux de leur espèce, comme Ben, le grand Terre-Neuve, qui eut la gloire d'être peint en compagnie de deux petits membres de la famille, il y a soixante ou soixante-dix ans.

Chacun, bien sûr, avait ses caractéristiques et faisait ses choses drôles ou méchantes. Face à un événement récent, il aurait été erroné d'évoquer une morale, ou de faire référence à Bruce, le chien de chasse, abattu par accident alors qu'il chassait le mouton la nuit. Cela suffirait pour un autre jour, si les circonstances se présentaient pour donner le sens de l'histoire. Il y avait bien d'autres anecdotes en plus de celle-là, et en voici une ou deux que Murphy a entendues.

Fritz, le Spitz, a peut-être fait la chose la plus remarquable de toutes. Son maître était alors étudiant à Christ Church et avait toujours eu l'habitude de l'emmener avec lui à son retour à Oxford. À une certaine occasion, il décida que Fritz, pour une fois, resterait à la maison. Le lendemain, le chien avait disparu. Puis une lettre est arrivée, et c'est ce que Fritz avait fait. Il s'était frayé un chemin jusqu'à la ville voisine, distante de trois milles, et avait pris le train pour Swindon, comme cela a été dûment prouvé. Il a probablement changé là-bas, même si cela n'est pas enregistré. Mais il continua jusqu'à Didcot, d'où il descendit certainement, trouva le train d'Oxford et, le même après-midi, entra dans les appartements de son maître à Christ Church.

Une autre de ses actions mérite d'être rapportée, car elle offre un exemple de la façon dont les chiens s'approchent parfois des êtres humains. Aucun homme n'est assez endurci pour vouloir mourir en étant détesté, tandis que beaucoup ont envie, avant la fin, de demander pardon, afin de mourir eux-mêmes pardonnés. C'était aussi le cas de Fritz. Comme beaucoup d'hommes de génie, son caractère était incertain et, à plus d'une occasion, il était connu pour mordre. La veille de sa mort, bien que vieux et infirme, il fit une tournée pour son propre compte et rendit visite à un ou deux envers lesquels il s'était certainement mal comporté. Son action a été rappelée lorsqu'il a de nouveau disparu. Mais cela fut encore plus remarqué – certains ajoutant qu'ils pensaient comprendre – lorsque Fritz fut retrouvé recroquevillé dans un trou sous un buisson – et mort.

Graf, un autre de la même race, mais appartenant à une époque vingt ans plus tard que Fritz, avait aussi des manières curieuses. Il pouvait écraser un lapin en plein air, et il le faisait à maintes reprises ; mais si cela était remarquable – un lapin étant considéré comme l'un des animaux les plus rapides à parcourir une centaine de mètres – son comportement curieux se manifestait d'une tout autre manière. C'était un chien d'un grand caractère et d'une grande intelligence, ainsi que de manières parfaites. A cette époque, c'était la coutume dans la famille de faire des prières le dimanche soir. Ce Graf ne manquait jamais de lui en vouloir. Il y avait eu un service à l'église pendant la journée, et les dimanches étaient des jours ennuyeux pour les chiens : pourquoi faire des prières le soir pour empirer les choses ? Aussi, pour montrer ce qu'il en pensait, à peine la famille eut-elle quitté la salle pour prier, qu'il rassembla les journaux et les déchira délibérément en morceaux. Ce n'est pas seulement une, deux ou même six fois qu'il a fait cela. Il l'a fait à plusieurs reprises ; et lorsque la famille revint, *The Guardian* en particulier fut retrouvé en lambeaux sur le sol.

Mais par ailleurs, c'était un bon chien, et c'est pour cela que celui qui lisait *The Guardian* semaine après semaine le dimanche soir montrait qu'il n'avait aucun ressentiment envers Graf, car lorsque le chien mourut, il écrivit un poème dont le dernier vers et demi dont sont gravés sur la pierre du Graf :

« Une telle fidélité peut-elle être vaine ?

La vertu est-elle moins la vraie vertu qu'elle bat

Dans la poitrine fidèle d'un chien ? Non, Graf, la pensée

De tes défaites de vie pures, vraies et irréprochables

Tout doute. Non! La vertu vit pour toujours, et la même chose,

Que ce soit chez l'homme ou chez son fidèle ami

Qui regardait mais ne pouvait pas dire son amour. La flamme

Cela a réchauffé ton cœur fidèle ne peut jamais finir

Dans un sombre oubli. Si ce n'est pas une âme

Est à toi, au moins est la Vie. La même grande main

Fait toi et nous ; mais où sur le parchemin,

Au jour du jugement, sera jugé debout

Une âme humaine si fidèle jusqu'au bout,

Si vrai que tu l'as été ? Le grand dessein de Dieu

Il t'attend, toi et nous. Au revoir, douce amie,

Et que nos vies soient tout aussi vraies que les vôtres.

Pour parodier cela, dans le cas d'un autre chien, un homme nonchalant a suggéré que son épitaphe pourrait être la suivante : « Et que nos vies aient moins de défauts que la tienne. » Mais s'il est vrai que celui-ci avait fait payer une facture assez lourde chez les chats et commis bien d'autres énormités, la ligne *De mortuis nil nisi bonum* était gardée à l'esprit, et, si rien ne pouvait être dit, il a été jugé préférable de ne rien dire. . De plus, comme Murphy l'a fait remarquer à juste titre, alors que nous parlions des actions merveilleuses de nombreux et nombreux chiens couchés maintenant dans ce coin sacré, « Qu'auriez-vous pu attendre dans un tel cas, et de la part de l'un d'entre Nous que vous aviez volontairement nommé Scamp ? ?"

Il y avait bien sûr quelque chose là-dedans, et de nombreux actes de Scamp méritaient d'être enregistrés, même si ce n'est pas le lieu pour le faire. À une époque, il était à Londres. La résidence là-bas a naturellement limité l'exercice de ses instincts sportifs, mais il en a développé d'autres pour les remplacer. Il était parfois absent toute la journée, et se retrouvait la nuit à la porte ; et un jour, il rencontra son maître dans une gare de la ville, alors qu'on le croyait perdu pour de bon et tout ; son maître le vit en effet s'y rendre alors qu'il pénétrait dans la cour de la gare en question.

On aurait pu penser qu'avoir fait quelque chose d'aussi intelligent aurait gagné le droit à une pierre tombale et à une épitaphe au complet. Pourtant, son lieu de repos n'est toujours pas marqué, et son nom l'a apparemment poursuivi jusqu'au bout, et même au-delà.

"Qu'est-ce que c'était à propos *de De mortuis* ?" » vint la question de Murphy.

« *Nil nisi bonum.* »

« Cela n'aurait jamais dû être évoqué, dans son cas. Et *De Vivis* ? Il y avait de l'indignation dans le ton ; peut-être à juste titre.

IX

"Ce que je fais, c'est ceci : ce que je fais, c'est que je les rapproche assez de moi, puis je leur parle."

C'est ce que Mme Pinnix répondait invariablement lorsqu'on lui demandait comment il se faisait que ses enfants se conduisaient si bien et causaient si peu de problèmes. Et Mme Pinnix le savait, car elle avait été une mère prudente de treize enfants et avait développé cette méthode joyeuse et bon enfant de traiter chacun à son tour, garçons et filles. Sans aucun doute, elle était une femme remarquable à bien des égards, car elle a remporté la dernière épreuve au programme lors des sports du Jubilé, étant alors mère de dix enfants – « Saut à la corde : ouvert aux mères uniquement ». Mais le point ici, dans cette remarque, est qu'une longue expérience avec les chiens montre que le traitement par la parole est aussi applicable à eux qu'il l'était aux enfants de Mme Pinnix.

Il ne s'agira pas non plus d'une idée fantaisiste de quelques-uns, si l'on fait une enquête. Vivre largement, par exemple, parmi ceux dont le travail est éloigné des villes et qui, par une longue habitude, en sont venus à remarquer beaucoup de choses dont les citadins les moins chanceux ne savent rien, c'est apprendre beaucoup de choses par soi-même. hasarder la remarque dans de tels milieux que bon nombre de gens ne croient pas à la théorie selon laquelle parler à un chien lui fait du bien, c'est recevoir pour réponse : « Ah, mais je sais ce qu'il en est. » D'autres vont plus loin et, lorsqu'on leur demande s'ils pensent que les chiens – c'est-à-dire les meilleurs chiens – comprennent réellement ce qu'on leur dit, ils ne manquent jamais d'affirmer avec emphase : « Eh bien, ils le savent ; J'en suis sûr, comme ils le font : ce n'est pas une mousse à utiliser pour dire aux gens ce que nous sommes différents. Bergers, éleveurs, ouvriers agricoles, vieux villageois qui ont vécu de nombreuses expériences tout en vivant en cercle restreint et qui se souviennent d'une longue vie, font constamment usage de telles remarques. Et probablement les amoureux des chiens de toutes les classes feront écho à la même chose.

C'était certainement la méthode adoptée dans la formation continue et l'éducation de Murphy. Comme nous l'avons déjà raconté, on lui avait appris à s'arrêter lorsque son maître s'arrêtait et à rentrer lorsqu'il s'asseyait ou se couchait. Ainsi, bien qu'il soit généralement autorisé à parcourir à volonté les terres ouvertes et à être parfois très éloigné, dans le cas de celui avec lequel il passait sa vie allongé pour se reposer pendant un moment, très peu de minutes s'écoulaient avant que le chien ne soit trouvé que l'utilisation de l'épaule, du dos ou du bras était un élément confortable contre lequel s'appuyer. Ainsi replié, son visage était à la hauteur de celui de l'autre, tandis que, les oreilles dressées et ses yeux humains, il surveillait tout ce qui se passait dans la vallée ou se mouvait à l'orée des grands bois qui tapissaient la colline. -hauts.

C'était le moment de le rattraper ; de l'entraîner à ne pas faire courir un lièvre qui pourrait venir bêtement, sous le vent, dans les gueules mêmes du danger ; ne pas prêter attention à un lapin qui insultait en tambourinant avec ses pattes arrière sur le sol à quelques mètres seulement ; pour lui raconter d'étranges histoires sur ce à quoi il pourrait s'attendre dans les années à venir lorsqu'il deviendra aussi vieux que son maître et qu'il aura appris à essayer de recevoir de nombreux coups, à affronter de nombreux problèmes, à supporter et à souffrir beaucoup de choses qui pourraient venir de sources étrangères. - avait aussi appris à vivre et à récolter sa part du bonheur que le simple fait de vivre ne manque rarement de donner à tous ceux qui n'ont pas les genoux faibles ou le cœur de poule.

Bien sûr, l'expérience, d'une certaine manière, tend à miner la confiance. Ne savait-il pas tout cela lui-même ? N'en était-il pas venu un jour à douter de tout ce qui était humain ? Le bonheur, la confiance et la foi n'avaient-ils pas disparu à cause de la dureté et de l'injustice qui lui avaient été infligées ? Mais et maintenant ? Par un processus miraculeux, un changement s'était produit. Le doute n'avait pas complètement disparu ; la confiance n'était pas tout à fait revenue ; la foi et la confiance dans les géants qui parcouraient le monde et qui semblaient le gouverner n'étaient pas encore tout à fait rétablies : peut-être ne le pourraient-elles jamais, ou ne le seraient-elles jamais. Pour certaines natures, le rétablissement dans de telles directions est impossible. Le feu a brûlé, la cicatrice reste, mais pour être cachée, bien sûr. Montrer des sentiments – surtout montrer que l'on est blessé – chanter, en fait, c'est faire preuve d'un mauvais esprit, manquer d'acharnement. Souffrez en silence, si vous le pouvez, cela doit être la règle ; tout comme ce chien, au visage vif et avide, aime en silence, aime d'autant plus profondément, peut-être, qu'il aime en silence, et que ce silence est bien plus éloquent que les mots.

Murphy a-t-il compris ? Selon Job Nutt, le berger, qui était un philosophe à sa manière, « bien sûr qu'il le savait – il le savait : il le savait ; car pourquoi pas toi ? Face à une affirmation aussi précise, il n'y avait aucun doute.

Nutt avait installé ses enclos d'agnelage, cette année-là, dans le creux où il y avait du « burra » provenant des vents. Il neigeait quand les claies et la paille furent transportées, et tout le monde s'était mis à l'œuvre pour construire les côtés de la grande place, avec leurs épais murs de paille, leurs toits de paille, les divisions confortables en lesquelles les côtés étaient divisés, les le tout en pente vers le sud pour capter ce qui pourrait être du soleil pâle et hivernal. Tout le monde savait que les moutons agnelaient plus vite et plus tôt lorsque la neige tombait. Il n'y avait donc pas de temps à perdre. Les premiers agneaux seraient entendus quinze jours avant Noël. En fait, à la mi-janvier, la famille de Job Nutt comptait déjà soixante-trois personnes. Ce n'était évidemment rien. Eh bien, un janvier, son père avait eu cent cinquante et un agneaux nés entre un samedi matin au petit matin et un lundi, pas moins de quarante-deux doubles — et la neige tombait tout le temps. Oui, et quand il déplaçait ses claies, c'est-à-dire celles qui étaient en paille, elles étaient si recouvertes de neige qu'elles se tenaient debout d'elles-mêmes. Son père « avait dû travailler *un peu* ce jour-là et eux deux nuits ». Et Job affichait toujours un sourire joyeux lorsqu'il racontait l'histoire.

Mais aujourd'hui, quand les deux qui étaient toujours ensemble descendirent de la colline pour rendre visite à ce berger, c'était la dernière semaine de février, où les matins sont aussi brillants et pleins d'espoir que tous ceux de l'année. . Les freux étaient occupés à bâtir dans les grands ormes au bord de la rivière ; les caroncules juste au-dessous des enclos d'agnelage devenaient déjà rouges. Le printemps arrivait : la couleur du ciel, le chant des alouettes, le bêlement des agneaux, tout racontait la même histoire. Bien sûr, l'hiver reviendrait : c'est toujours le cas. Mais, pour le moment, il y avait en magasin une exposition passagère de beautés, reflet de ce qui devrait être. Dans l'après-midi, les stores gris seraient de nouveau baissés. Mais cela n'avait aucune importance : cet aperçu avait été permis, et dans la lumière brillante du soleil et dans le calme, le bonheur d'une pleine confiance avait surgi et semblait remplir le monde entier.

Murphy semblait certainement le ressentir. Alors que lui et son maître coulaient la colline, il s'étendit en courant ; il sauta en l'air de joie. Ses actions, d'une manière mystérieuse, reflétaient souvent la couleur du jour ; et son humeur variait avec celle de son maître. La sympathie des chiens n'est pas une découverte moderne, mais aussi ancienne que leur camaraderie avec l'homme ; et ainsi celui-ci variait ses voies selon que les temps étaient bons ou mauvais, ou que les épreuves, mentales ou corporelles, se révélaient par hasard les mêmes. En ce matin brillant, l'homme et le chien avaient capté la lumière du soleil et sa joie, et le jeune chien jouait avec la main de son maître tout en se balançant, en aboyant et en sautant par amour de la vie.

Il était souvent ainsi maintenant quand ils étaient seuls ensemble, même si, avec d'autres, il retombait parfois dans l'incertitude et l'hésitation. Néanmoins, il ne faisait plus de doute qu'il était sur la bonne voie : le bonheur était en grande partie revenu ; la confiance suivait. L'homme et le chien se rapprochaient très près l'un de l'autre, et à plus d'un titre.

Les enclos n'étaient désormais occupés que par une trentaine de brebis, encore en train d'agneler, et par celles « à l'hôpital », comme en parlait Job. Quatre cents tegs, brebis et agneaux étaient en pension sur la colline, sur un chaume de trèfle, ou ce qui en restait, recevant des rutabagas écrasés et d'autres choses, car la garde était rare si tôt dans l'année. Le jeune berger et son chien étaient là-haut avec eux : seuls Job et Scot étaient dans les enclos. Murphy le savait, aussi sauvage qu'il fût ; et lui avait dûment remis, à maintes reprises, cet étrange message qui obligeait le plus sauvage à le laisser passer librement.

"Oh! il peut venir : j'aime bien ton chien, ton chien », appela Job, ordonnant à Scot de se placer sous la cabane sur roues blanchie et usée par les intempéries, dans laquelle étaient rangés tous les articles divers du métier de berger. « Je suis sur le point de trouver cette mère là-bas, un nouvel enfant », ajouta-t-il avec son sourire habituel. Il était occupé à attacher la peau d'un agneau mort sur le dos d'un autre – l'habillant, en fait, d'un autre costume, tout comme Rebecca l'avait fait une fois pour Jacob.

«Quand une personne perd son agneau, nous prenons soin de laisser le mort à côté de sa mère, car ils ont le même cœur que nous. Si nous voulions prendre l'agneau, ils s'en plaindraient. C'est naturel, n'est-ce pas ? Eh bien, vous voyez, c'est comme ça. Au bout d'un moment, nous prenons un agneau d'un yo ainsi qu'un double, comme celui-ci ici ; écorche l'agneau mort; et il attache la peau autour du cou de l'autre, comme ceci... vous voyez ? Elle laissera ça se passer alors ; mais elle ne le pouvait pas avant – pas de crainte ! Ils connaissent leurs propres enfants, tout comme nous ; tout comme ils les connaissent et s'en occupent. Peu à peu, je couperai cette peau, petit à petit, quand je jugerai que cette enfant doit sentir la même odeur que son propre enfant : tout ira bien alors. Ah ! c'est comme ça avec les moutons : il y a quelque chose à apprendre sur eux à chaque fois que l'on s'approche d'eux.

Ainsi les deux hommes se reposèrent contre les claies au soleil, et Murphy s'assit solennellement entre eux : il était devenu très particulier dans ses manières avec les moutons. L'agneau déguisé tétait déjà la brebis ; et Job alluma sa petite pipe en terre et sourit : il était resté éveillé toute la nuit.

« Je ne ferais jamais tuer un agneau, si c'était ma volonté ; non, je ne le ferais pas. Cela vous dérange-t-il la saison dernière, lorsque vous et votre chien étiez ensemble ? Je traversais les Dénés avec une bouteille de lait chaud, avec un petit tube coincé dedans, si cela vous dérange. «C'était du lait chaud que j'avais pris à la vache. Eh bien, c'était pour un agneau qui avait perdu sa mère : pis faux ; J'ai pu le découvrir lorsque le maître a amené le tout. Et je dis que quiconque vous servirait de cette façon devrait être crucifié. Eh bien, c'est cet agneau qui allaite celui que nous avons habillé. Vous voyez comment les choses fonctionnent, n'est-ce pas ?

Mais on ne parlait pas toujours des moutons, lorsqu'on visitait les bergeries ou les enclos, ou que « lui et son chien » marchaient avec Nutt et d'autres bergers à travers les terres ouvertes, dans le vent et les intempéries.

Un jour, Job était occupé à laver les moutons et, comme c'était souvent le cas, on parlait des chiens.

« C'est merveilleux ce qu'ils savent. Qu'est-ce qu'ils ne savent pas ? Je dis. Voyez cet Écossais que j'avais, celui d'avant cette ONU. Eh bien, j'étais en train de laver les moutons, comme je viens de le faire. L'un des moutons à la gueule pleine comme nous l'avions alors s'est détaché et a traversé directement la rivière, et ce n'est pas très étroit là-bas, comme vous le pensez. Elle monta sur la rive opposée et monta sur le haras. Et Scot, il me regarde, puis le mouton, puis à nouveau moi. Je savais, très bien, ce qu'il voulait. Il voulait aller chercher ce mouton. Mais je ne pouvais pas le laisser faire, pour un moment. Et il a continué à regarder et à regarder, comme n'importe qui pourrait parler. Alors j'ai juste bougé la tête, comme : il n'y avait aucun appel à ne rien faire de plus. Et il s'est mis dans l'eau et a nagé dans la rivière, a attrapé le mouton par la gorge - oh non, il ne l'a pas blessé, pas de crainte ! - il l'a traîné jusqu'à la rive et l'a ramené, c'est vrai : il l'a fait. , cependant."

"Eh bien, c'était comme ça", a-t-il poursuivi après un rire. « Un gentleman était en train de ramer dans un bateau à ce moment-là. Et il vient à nos côtés, quand il voit ce que Scot 'a' a fait, et il dit : 'Berger', il dit : 'Je vous enlèverai ce chien, si vous avez un esprit.' Et là-dessus il dépose trois souverains d'or sur la berge à mes pieds, où nous étions occupés à laver les moutons. Alors je regarde les souverains, puis lui, et je leur dis en riant : « *Non, monsieur* . Seigneur, comme il m'a prié de lui laisser ce chien !

« Alors ça s'est passé comme ça. Ce soir-là, nous traversions le village et passâmes devant « The Crown », c'est-à-dire Scot et moi, et le même gentleman se tenait à la porte. Alors il traverse la route, me voyant, et il dit : « Eh bien, berger, dit-il, veux-tu te séparer du chien maintenant, car, si tu le veux, j'en ferai cinq au lieu de trois. ?' il dit. Et c'est la vérité. Et je l'ai juste regardé entre les yeux, genre, et j'ai dit : "Se séparer de mon chien, Monsieur ?" Je dis. « Eh bien, monsieur, si je devais me séparer de lui, je vous dirai ce qu'il ferait : il se languitrait et mourrait ; il se languitrait et mourrait. » Et sur ce, je suis parti et je suis parti. Les chiens – eh bien, les moutons, s'il vous plaît, sont des moutons ; mais les chiens sont des chiens, et Dieu Tout-Puissant sait qu'ils sont merveilleux.

"Cependant, tous les chiens ne sont pas comme des chiens de berger, Nutt, ou capables de l'être."

Nutt secoua la tête. Les deux hommes et leurs chiens étaient à flanc de colline, avec deux cent cinquante tegs avançant devant eux. Les moutons marchaient en front large, mais en files individuelles, suivant ces traces parallèles qui marquaient cette colline escarpée depuis des siècles, pour intriguer les étrangers.

« On ne peut pas faire de chaque chien un chien de berger, n'est-ce pas ? »

« Peut-être pas, à votre sens. Mais je sais que je pourrais dresser presque n'importe quel chien, si je le voulais.

Scot était devant, là où il devrait être. Murphy était proche du talon.

« Voulez-vous dire que vous pourriez entraîner celui-ci à plier des moutons ? »

Job Nutt tira une profonde bouffée de sa pipe, se tourna et regarda Murphy, maintenant âgé d'un peu plus de trois ans.

«J'aime ce chien; eh bien, je l'ai toujours aimé. Entraîner un mouton ? Je crois comme je le pourrais, si j'en avais l'esprit : je crois comme je le pourrais.

Les deux ont alors dû se séparer. C'était le crépuscule et il semblait mouillé ; en outre, certains moutons du troupeau, au fond de la vallée, « hurlaient » après la pluie : ils étaient toujours de véritables prophètes du temps.

Il pourrait donc être dressé pour les moutons. Les paroles de Job Nutt ne cessaient de se répéter dans l'esprit : « Je crois autant que je peux ; Je crois autant que je peux.» Ce que le berger avait dit était un témoignage de la merveilleuse intelligence de ce chien ; mais alors tout le monde était venu en témoigner et le remarquer. Il était bien sûr nerveux et timide, et le serait sans doute toujours. Peut-être que ce sont ces caractéristiques qui lui ont conféré une douceur extraordinaire, qui a conquis tous les cœurs. Beaucoup avaient déjà dit, en riant, qu'il était « né bon » ; mais dernièrement certains étaient venus ajouter qu'il était incapable de nuire ou de tomber malade.

Et pourtant, avec ces caractéristiques, qui s'apparentaient à une certaine douceur, il n'était jamais question de son courage et de son esprit. Il n'y avait pas non plus de limite. Il avait l'esprit et le dynamisme d'une douzaine de ses compatriotes : que dire de plus ? En même temps, il avait la douceur d'un enfant. Il a rappelé l'un de ces personnages que certains d'entre nous ont rencontrés dans des situations étranges, des situations et des heures où les esprits des hommes étaient en feu et où l'air était rempli de sons qu'une fois entendus, on ne peut jamais oublier. L'une d'entre elles est aujourd'hui rappelée par la mémoire : la vision d'une figure agile et active qui avait parcouru ses plus longues marches et supporté les nombreuses épreuves des nombreuses nuits et jours, bien qu'ayant l'air frêle comme une fille adolescente et avec des manières toujours douces. en tant qu'enfant. Pour quelqu'un comme lui, se trouver au milieu d'actes pareils semblait incongru. Pourtant, l'estimation s'était finalement révélée tout à fait fausse. La reproduction et la plumaison – l'énergie nerveuse – avaient porté leurs fruits, alors que d'autres avaient diminué. Et l'arrachage et l'élevage se manifestaient encore, lorsque le sang coulait et refluait, et que le visage était blanc comme une pierre.

Un tel parallèle n'est pas non plus aussi farfelu qu'il pourrait paraître à première vue. Étant donné les deux, le chien et l'homme, ce chien devait montrer avant la fin des caractéristiques également frappantes et à peine moins charmantes. Supporter la douleur n'est pas facile. Il ne fait plus de doute que les hommes ressentent la douleur à des degrés divers, et que des souffrances qui pourraient être considérées comme identiques sont décuplées dans le cas d'une organisation très développée. Avec la grande intelligence et le développement nerveux de ce chien, on aurait pu penser que la douleur le terrifierait. Si c'est le cas, il ne l'a jamais montré.

Il est inutile ici de faire référence aux nombreux cas où son élan et sa bonne humeur ont provoqué un accident, car tous nos chiens ont des ennuis et rencontrent parfois des accidents, du moins ceux qui valent quelque chose. Mais c'était une autre habitude de ce chien d'éviter, lorsqu'il souffrait, la compagnie de celle qu'il aimait le plus, et de s'adresser invariablement à une femme pour lui demander de l'aide. C'était comme dire qu'il savait que beaucoup d'hommes dans de tels cas étaient pires qu'inutiles : une poussée dans ce cas-ci n'était pas sans vérité. Ainsi, une nuit, il rentra chez lui sur trois kilomètres dans la neige, avec les deux pieds antérieurs coupés de part en part par du verre – à cause d'une course contre un rat dans quelques joncs sur la berge gelée de la rivière. À la grande honte éternelle de son maître, il ne l'a jamais découvert. Mais, en arrivant à la maison, ce chien est allé chercher de lui-même de l'attention et a supporté ce qu'il avait à supporter, non seulement sans broncher, mais en témoignant sa gratitude en léchant la main qui le soignait. Ainsi encore, lorsqu'il était une fois grièvement cogné, il se rendait dans le même quartier, montrait son pied, puis se couchait, restant parfaitement silencieux pendant qu'on cherchait une pointe, enfin trouvée, puis arrachée avec une paire de pinces de fer. .

Ce sont là des banalités, sans aucun doute ; mais ce ne seraient pas des banalités pour certains d'entre Nous. C'est par tel que le caractère se montre, est façonné et constitué, pour que les autres puissent l'évaluer et en prendre bonne note. Et c'est ainsi que, qu'ils soient exhibés par l'homme ou par l'animal, nous admettons leur charme et leur rendons notre hommage, tout comme la fidélité de Theron à Roderick tirait ces mots des lèvres du vieux Sévérien :

"As-tu un charme qui t'attire ainsi

Le cœur de toute notre maison, même jusqu'à la bête

Cela manque de discours sur la raison, mais trop souvent,

Avec un sentiment intact et une foi muette,

Ça fait honte à un seigneur ?

X

La récolte du foin avait été légère, en raison du temps du printemps et de l'absence de pluie. A peine avait-il décollé du sol que la récolte du maïs commençait et on voyait les longs bras de l'auto-lieuse s'agiter dans l'air au-dessus de l'avoine sur pied, la première de toutes, cette saison, à descendre. « La lune était venue sur la terre sèche », comme l'exprimaient les moissonneurs ; et avec une foi implicite en la lune, il n'y aurait donc pas de pluie. Pour une fois, d'une certaine manière, la foi n'était pas déplacée : il y avait une grande chaleur qui faisait mûrir trop vite le blé, l'avoine et l'orge, laissait la paille courte et couvrait les navets de mouches.

Il faisait trop chaud dans la journée pour aller loin, du moins pour ceux qui peuvent choisir leur propre moment. Aussi le chien et l'homme firent-ils leurs promenades tardivement et les prolongeèrent jusqu'à l'heure où la lune rougeoyante se leva solennellement dans le ciel au-dessus des bois et s'éloigna vers l'ouest sur sa courbe basse d'été. La lumière du jour durait longtemps après le coucher du soleil : une lueur chaude se propageait progressivement vers le nord, et avec la lumière dans cette direction et la lune pleine, seuls ces deux autres mondes, Jupiter et Vénus, étaient visibles dans la voûte sans nuages au-dessus. C'était l'heure de la journée pour être à l'étranger, mais, curieusement, l'heure où beaucoup étaient à l'intérieur. Les moissonneurs avaient une excuse. Ils s'étaient levés avec le soleil : à sept heures et demie, il était temps de coucher l'auto-liant dans les champs ; à huit heures, ou peu après, beaucoup étaient eux-mêmes au lit. Les hommes et les chevaux avaient beaucoup transpiré et avaient eu une longue journée.

C'est lors d'une soirée comme celle-ci que Murphy reçut sa première leçon de travail manuel, car la remarque de Job avait suscité une réflexion. L'éducation était bien sûr tout. Ceux qui vivaient sur la terre devraient être instruits dans les choses de la terre ; devrait apprendre, sinon ses merveilles et ses mystères les plus profonds, du moins ses leçons simples et ce qui se cache derrière celles-ci. C'était dans ces champs et sur ces vents venteux que les muscles et les tendons devaient être renforcés, la santé et la force rassemblées, les âmes purifiées, pour autant que les voies de l'homme soient droites et vraies.

Ici, l'œuvre de Dieu était toujours visible, depuis les merveilles de la croissance des graines jusqu'à l'arrivée de la musique des pluies qui lavaient l'air et faisaient chanter la terre de vie. Ici était toujours visible la puissance infinie des petites choses, la beauté intacte, les lois de la nature toujours en pleine action – le triomphe du bon travail, l'étouffement du mal. Ici, dans ces mêmes domaines, avait été rassemblée la force de bras qui avait tenu le pays en bonne place, lorsque les tambours battaient et que les vrais hommes étaient recherchés au-delà des mers. Cela semblait être plus comme il se doit. Et il se peut qu'il en soit encore ainsi, c'est-à-dire lorsque la folie d'un jour sera passée et que les hommes du pays reviendront.

L'éducation le ferait. Certains cœurs seraient mordus par l'ancien amour et apprendraient à oublier le nouveau. Mais l'éducation doit être vraie et non fausse, en accord avec la vie qui sera ; pas à l'étroit et avec peu de liens entre lui et le champ de travail qui l'attend. L'uniformité ne sert souvent qu'à ramener à un niveau mort, à écraser la vraie liberté, à forcer une croissance contre nature et à donner à cela une tendance fausse. Une telle éducation semble curieusement fausse à beaucoup d'esprits, en plus d'être abrutissante.

Scot, qui n'avait aucune apparence de chien de berger - c'est-à-dire comme sa classe est généralement représentée sur des estampes en couleur - aurait peut-être été élevé comme un épagneul d'eau, ou il aurait pu être le chouchou d'une villa mitoyenne. et a appris à parcourir des rues ternes et peu attrayantes sans mettre sa vie en danger : tout est une question d'éducation, renforcée par l'environnement. En fait, il a grandi avec une chaumière pour maison et a appris les mystères des moutons, leur garde et leurs soins, ce que signifiait l'étirement des membres, rien de moins que la liberté et l'air libre.

La vie était dure, sans aucun doute, dans un sens. Parfois, les communs étaient courts : il y avait beaucoup de mauvais temps à affronter, lorsque son maître était vêtu de vêtements étranges et portait un sac comme une capuche de moine par-dessus sa casquette usée par les intempéries, et lui-même était heureux d'avoir jusqu'à l'abri de la cabane, où brûlait le poêle : c'était la pluie, quand tout le monde était également couvert de boue : c'était les vents mordants de mars. Mais vint le joyeux printemps et les longues journées d'été ; l'un donnait une saveur à l'autre et créait un amour pour tous deux, et au plus profond du cœur où cet amour brûlait brillamment se trouvait la fierté de sa vocation, l'honneur de garder les moutons. Les emplois doux n'étaient pas réservés aux hommes ni aux chiens virils.

Bien sûr, Murphy ne pouvait pas être un chien de berger ; c'est-à-dire, à moins que Job Nutt n'ait l'intention de le faire. Alors, bien sûr, il aurait eu un véritable maître d'école et aurait été élevé dans les milieux dans lesquels il était né et avait grandi, tandis que les spectateurs voyaient une nouvelle espèce de chien de berger. Cependant, son maître ne possédait aucun mouton. Pourtant, étant donné que son sort n'avait pas été celui de certains — marcher dans les rues pour faire de l'exercice ou s'allonger dans le jardin exigu d'une villa en ville — il était tout à fait juste qu'il apprenne tout ce qu'il pouvait et que son éducation devrait profiter des champs et des hautes terres autour de sa maison.

Quant à savoir s'il aurait été possible de le former à la rue, il reste maintenant parmi les choses inconnues. L'impression demeure que, étant donné qu'il n'a jamais compris les dangers désespérés de la route moderne, sa vie, s'il avait été assez stupide pour abandonner la campagne pour la ville, aurait probablement été limitée à quelques heures. Heureusement, il est né pour une vie meilleure et plus libre, et il n'a certainement jamais laissé passer cette chance, mais il en a profité au maximum et est ainsi parvenu à un grand bonheur.

Bien sûr, cela a pris du temps ; mais un début fut fait en ces belles journées d'été, et l'art du travail à la main fut progressivement amené à une certaine perfection. Une grande partie de la joie de vivre de ce chien a finalement été centrée sur cet accomplissement, et il n'a jamais été aussi heureux que lorsqu'il s'entraînait. L'éducation commençait en lui apprenant à s'allonger au commandement « Arrêtez-vous là », puis en le laissant derrière lui pendant des périodes de plus en plus longues. Il connaissait si bien ces paroles, qu'il les mettait en pratique instantanément, et c'est ainsi qu'il perdit la marche à cause d'un léger malentendu. Une explication de la méthode a été donnée un jour, lors d'une promenade avec un ami. Les mots d'ouverture ont bien sûr été utilisés. Quelque temps après, le chien fut manqué, et ce n'est qu'après avoir rebroussé chemin sur une distance considérable qu'il fut retrouvé, allongé là où il avait entendu les mots pour la première fois et l'air un peu timide.

La procédure suivante consistait à le faire démarrer, puis à l'arrêter, jusqu'à ce que peu à peu il parvienne à comprendre le mouvement des mains ou des bras. De cette manière, il était possible de l'envoyer à de grandes distances, ou de le déplacer à droite ou à gauche, à la manière dont nous, soldats, déplaçons nos hommes. Lorsqu'une main était levée haut, il tombait immédiatement, de sorte que personne ne pensait qu'il y avait un chien à moins d'un kilomètre : il pouvait être couché dans une herbe rugueuse là où le séneçon était haut, ou le blé, comme on dit, était fier. , et être lui-même invisible. Mais il voyait assez bien avec ses yeux brillants, et dès que le bras fut agité, il partit d'un pas de deux mètres ou plus, tournant autour et faisant sonner la vallée sous son aboiement joyeux. Il se mêlait toujours au plaisir de la chose et le considérait comme le plus beau jeu qui ait jamais été inventé.

"Ah, eh bien," remarqua Job en regardant, et Scot fit preuve de jalousie, "ah, eh bien, j'ai toujours aimé ce chien."

Et tout le monde aussi.

Avec chaque petit ajout à la somme de connaissances qu'il possédait, le maître et le chien se rapprochaient l'un de l'autre. Il est toujours discutable de savoir si nos chiens considèrent qu'ils appartiennent à la famille avec laquelle ils vivent, ou s'ils ne considèrent pas les choses dans l'autre sens et jugent que la famille leur appartient. Dans le cas de Murphy, il ne fait aucun doute que, en ce qui concerne son maître, ce maître lui appartenait très certainement. Au début, la situation était différente. Il y avait une raison à cela. Mais même la raison semblait désormais avoir disparu de l'esprit : l'injustice avait sans aucun doute été pardonnée, et ce qui était bien plus merveilleux – ou plutôt l'aurait été si l'homme avait été dans ce cas et non un chien – avait aussi, dans la mesure du possible, être vu, totalement oublié.

La confiance était si bien acquise que tout était permis, même le simple fait de brandir un bâton. Les bâtons étaient des objets avec lesquels on pouvait jouer. Ils n'avaient aucun rapport avec la punition. D'ailleurs, la vie n'était-elle pas un état dont on pouvait jouir, et aussi heureux que la journée était longue ? Et n'avait-il pas enseigné à son grand ami une multitude de faits qu'il avait jusqu'alors désespérément ignorés ?

C'était très bien pour Lui de dire qu'il avait éduqué et dressé ce chien. Le chien l'avait dressé pendant tout ce temps. C'était très bien pour lui de penser dans son cœur qu'il avait donné à ce chien le bonheur dans la vie. Le bonheur lui était également revenu dans une certaine mesure. Il y avait eu, dans plus d'un sens, un étrange parallèle entre leurs cas, et à mesure que cela s'était fait sentir, cela les avait liés plus étroitement l'un à l'autre. Non seulement ils n'étaient plus jamais séparés, mais ils étaient également du même avis à d'autres égards : dans la joie de vivre telle qu'ils la trouvaient sous le ciel ; dans le bonheur de la camaraderie alors qu'ils apprenaient à s'y fier, à l'intérieur comme à l'extérieur ; dans le sens le plus profond de l'amitié, avec la confiance et la vérité inébranlable que réclame l'amitié ; dans la foi que l'un a toujours eu dans l'autre, dans les bons comme dans les durs jours.

On entendait souvent ceux qui regardaient dire : « Le chien a pris soin de l'homme. » Et c'est ce qu'il avait fait, dans une certaine mesure. Il avait appris exactement les habitudes de son maître. Il connaissait l'heure du jour grâce à la sonnerie de l'horloge ; et, matin après matin, à telle heure, si ce maître, avec ses manières bizarres, retardait son départ, il se levait de son coin familier et venait se lever et le fixer des yeux. Ou, si cela échouait, il viendrait doucement, plus près, poserait son menton sur un genou et lui ferait abandonner son travail et sortir pour l'intervalle réglementaire. Dans les marches plus longues d'autrefois, il y avait des arrêts toutes les heures. Sortir! Sortir! De nouvelles forces et de nouvelles idées doivent être rassemblées à l'extérieur ; vous deviendrez rassis ici, que vous choisissiez de pratiquer tel art ou tel autre. Les maisons sont assez bien pour y dormir et s'abriter ; mais ce sont les cieux qui donnent la force, et c'est le ciel de Dieu qui, d'une manière ou d'une autre, ne serait-ce que faiblement, doit se refléter dans l'œuvre de l'homme.

Ainsi, dans un instant, ces deux-là sortiraient ensemble ; celui qui va aussi loin que le permet l'attache ; l'autre faisait ce qui était encore une autre de ses joies dans la vie, et cela causait tant de plaisir et de gaieté aux spectateurs : la chasse aux oiseaux. Il ne s'en lassait jamais lors des journées les plus longues et les plus chaudes. Les merles offraient le meilleur sport de tous, car ils volaient généralement à seulement trois pieds du sol. Il connut immédiatement leur note ; mais probablement le rire du pic vert le contrariait plus que quiconque, tandis qu'il considérait certainement les notes moqueuses des coucous comme des insultes envers lui-même. Parmi les oiseaux de diverses espèces, il en attrapa beaucoup, jeunes et vieux, mais il ne fut jamais connu pour en blesser un seul.

Le plus remarquable de ses exploits dans ce sens fut celui où il se trouva autrefois au bord de la mer. C'était une côte solitaire, où de grandes falaises pourpres s'élevaient à pic hors du sable, leurs corniches, çà et là, couvertes de tamaris, d'ajoncs et d'épines rasées, jusqu'à leur sommet même à trois cents pieds au-dessus, d'où les landes s'étendaient au loin. loin à l'intérieur des terres. De fortes vagues y frappaient par moments, faisant résonner ces falaises de manière à rendre la parole difficile. En ces jours de folie, c'était bien que ce chien ait appris à travailler si parfaitement à la main, car il n'avait pas peur des rouleaux, et le plus étonnant était qu'il ait échappé à la noyade.

À l'origine de tout le plaisir de cette nouvelle situation, il y avait le fait que ces falaises étaient habitées par d'innombrables mouettes. L'objectif de Murphy était d'en attraper un, et il était souvent emporté sur le sable par les embruns, dans son empressement fou à atteindre son but. Les goélands argentés étaient le plus beau sport de tous, avec leurs cris mélancoliques constants : « pew-il », « pee-ole », ou leur note d'avertissement plus rauque « kak-k-kak » ; leurs corps mesuraient deux pieds de longueur ; leur envergure d'aile n'est pas inférieure à quatre pieds quatre. Pendant des mois, il les a poursuivis, jusqu'à ce qu'enfin certains aient dû le connaître. C'est peut-être pour cette raison que l'un d'eux n'a pas été assez prompt à se mettre en route une fois. Murphy se jeta en l'air et le rattrapa ; et non seulement il l'attrapa, mais il l'amena avec ses grandes ailes battant l'air autour de lui, de sorte que le chien était à peine visible pour l'oiseau. C'était encore la vieille histoire du lièvre dans ses premiers jours, car la mouette n'a pas été blessée et, une fois libérée, elle s'est envolée vers la mer, avec le cri « pew-il », « pee-ole » rejeté des vagues comme il est venu.

«Je n'aurais jamais pensé vivre comme ça», remarqua un débardeur de passage à l'époque : mais il était alors étranger à Murphy, et aussi à ses manières.

Quel bonheur il y avait dans la vie ! quel sport et quel plaisir splendide : du sport à longueur de journée ; du plaisir sans fin ! La matinée n'a-t-elle pas commencé par un jeu ? Le chien couché dans un coin de la salle, fixant son maître des yeux lorsqu'il apparaissait, puis, après s'être arrêté un moment, comme pour dire : « Êtes-vous prêt ? se lançant à fond, jusqu'à ce qu'il soit soulevé dans un dernier saut contre la poitrine de son maître, à cinq pieds du sol. Bien sûr, la salle entière était à chaque fois étouffée, avec des nattes et des moquettes déplacées sur le sol glissant. Et puis le bruit ! La seule chose à faire était de quitter la maison et de se défouler un peu.

Aucun chien avec une part de nervosité ou d'hésitation ne ferait de telles choses. Mais il ne les faisait qu'avec son maître. Lorsqu'il était avec d'autres, on disait qu'il était un chien différent, sans goût pour la chasse ni pour la poursuite des oiseaux - un chien, en fait, qui entrait invariablement dans une pièce et s'y couchait seul, à moins qu'il ne change sa place pour le tapis en la porte d'entrée.

Bien sûr, il reviendrait. Les gens l'ont toujours fait. Il n'y aurait pas de rupture dans cette amitié : elle durerait pour toujours. Il avait entendu son maître compter les années : « Quatre » – c'était son âge – il le savait ; et à partir de quatre, son maître comptait jusqu'à dix ; alors hésitez ; puis dites « onze » ; puis hésitez encore et remarquez : « douze, peut-être : oui, petit homme ; tu me verras dehors, c'est facile !

Et ceux qui regardaient et observaient ajoutaient ceci à ce qu'ils avaient dit auparavant : « Que *se* passera-t-il si quelque chose arrive à ce chien ? »

C'était une façon amusante de le dire, mais la remarque était toujours répondue par : « Ne nous laissons pas rencontrer des ennuis à mi-chemin, ni faire un tour des collines pour les chercher ;

« Fortis cadere, cedere non potest. »

XI

Les routes étaient recouvertes de neige. La chute avait commencé deux heures avant le jour ; doucement et à gros flocons, présage de ce qui allait arriver. La neige tombait encore dans l'après-midi ; mais maintenant le vent s'était levé, et chaque gros flocon était déchiré en douzaine tandis que le vent jouait avec eux, les poussant vers le haut comme de la poussière, puis les attrapant et les envoyant horizontalement et à grande vitesse sur le sol, jusqu'à ce qu'ils puissent trouver un repos. - un lieu dans quelque dérive qui se formait du côté nord des clôtures, ou la paix sous les ronces d'un fossé.

Une heure ou plus avant la tombée de la nuit, le vent se leva et soufflait un véritable coup de vent. Quel plaisir d'être dehors là-dedans : allez !

L'homme et le chien ne tardèrent pas à s'en aller. Les routes seraient sûres un jour comme celui-ci ; alors, pour une fois, les deux hommes avancèrent péniblement jusqu'à atteindre deux chariots. Comme ils paraissaient grands dans l'étouffement, chacun avec son équipe de trois personnes : une paire dans les puits et une de plus en tête comme leader. Parler était difficile, voire presque impossible ; mais au moins ils pouvaient se joindre aux hommes et crier un mot ou deux de temps en temps.

Du point de vue météo, les grands chevaux paraissaient deux fois plus grands, recouverts de neige, leurs crinières et les poils autour de leurs énormes pieds étaient tous emmêlés de glace. Mais sous le vent, ils ressemblaient à des animaux différents, car leurs poils étaient noircis et trempés de sueur : ils tenaient difficilement leurs pieds, et leur souffle sortait lourdement de leurs narines tandis qu'ils luttaient.

Non qu'ils aient une lourde charge à tirer. Les wagons étaient vides. Ils étaient arrivés le matin avec un chargement complet, avec l'intention de rapporter du charbon. « Mais comment pouvaient-ils faire cela, par un temps pareil ; ou sur des routes comme celles-ci ? Non, non, cria le charretier le plus en arrière, nous sommes pour rentrer à la maison, vides ou d'une manière ou d'une autre, si c'est le cas, car ceux-ci peuvent garder leurs pieds. La route sous la neige est de la glace, je vous le dis, juste de la glace ; et, de plus, Fiddlehill est juste devant nous. Les derniers mots furent ponctués d'un claquement de fouet comme d'un coup de pistolet : toute conversation fut ensuite interrompue pendant un moment ; le vent devenait plus violent.

Les deux wagons étaient peints en jaune, rehaussés d'écarlate ; mais la peinture qui avait paru brillante au soleil des jours de récolte paraissait maintenant sordide et sale sur la neige, et chaque tache ou cicatrice d'usage brutal était facilement discernable. De temps en temps le vent soufflait avec une rafale sauvage, emportant des pailles égarées d'un des wagons, alors que la neige s'accumulait sur le sol : de l'autre, les cordes d'une bâche, indifféremment attachées, frappaient les flancs jaunes comme un fouet. . Certains de ces sons ne convenaient pas très bien à Murphy ; mais il avait trouvé le meilleur et le plus sûr endroit, et il avançait du mieux qu'il pouvait, à l'abri sous le chariot le plus en arrière et entre les hautes roues arrière, dont les jantes, les rayons et les moyeux étaient pendus et éclaboussés, comme tout le reste, de neige.

C'était vrai qu'il ressemblait au chien d'un autre, avec une face et des moustaches blanches. Mais son maître était blanc aussi, de la tête aux pieds ; qu'est-ce que c'était!

Dans une heure ou moins, l'obscurité aurait fait disparaître le monde, même si le terme d'obscurité n'était que relatif à un jour où on n'aurait jamais pu dire qu'il s'agissait de lumière.

Quand le découvert fut atteint, la neige, brisée en flocons durs, fouettait le visage et les oreilles comme des orties. Murphy était le mieux loti de la fête, sauf quand quelque chose l'avait tiré de dessous le chariot et qu'il jouait avec la neige pour son propre compte. De grandes couronnes étaient accrochées aux clôtures ou se détachaient sur les corniches là où les berges étaient hautes. Le ciel, ou plutôt l'air tout entier, était couleur de plomb et toute distance était effacée. Des volées d'oiseaux fous et distraits volaient à proximité en grand nombre, pour la plupart des pinsons et des alouettes, avec ici et là un ou deux oiseaux de campagne, la poitrine et le dessous des ailes chamois. Puis vint une volée entièrement composée de bruants, dont les jaunes brillants paraissaient orange foncé sur le gris plomb qui enveloppait tout.

Il n'y avait pas de fin au grand hôte. Ils allaient tous dans un sens : ils n'émettaient d'autres bruits que le bruissement des ailes et n'émettaient aucune note : ils passaient à toute vitesse comme par crainte, mais tout en obéissant à la loi la plus suprême de toutes. Au sud, il y aurait une protection ; la vie y serait préservée : ici c'était impossible — pour les oiseaux. « Restez bas ; appuyer sur!" La victoire reviendra au plus fort : les faibles tomberont dans ce vent impitoyable, et la neige couvrira les morts, mais à la fin il y aura une vie meilleure pour certains. « Restez bas ; appuyer sur!"

Il y avait quelque chose de bizarre dans un tel spectacle : il y avait aussi quelque chose de bizarre dans le bruit du vent. Il balayait les champs, déchirant avec des rafales furieuses les ronces chargées de neige dans les clôtures, et passant avec un gémissement dans l'obscurité de la nuit qui approchait.

Il n'y avait aucune trace d'êtres humains nulle part. Les objets familiers avaient tous changé de caractère, même si c'était seulement grâce à eux qu'on pouvait savoir où ils se trouvaient. Au bord de la route, les restes d'une meule de foin surgirent soudain de la boue, avec le sommet blanc comme un grand fantôme, les flancs noircis mouchetés çà et là de neige. Dans les chaudes journées de juin, deux personnes l'avaient vu bâtir ; et, plus tard, j'ai vu les fermeurs travailler là-dessus, lorsque le prix du foin avait augmenté et que les agriculteurs pouvaient gagner quelques livres. Mais ce travail, comme la plupart des autres, avait dû être abandonné maintenant.

Au bord de la piscine, il y avait là le grand chêne sur lequel, selon la tradition, plus d'un bandit de grand chemin s'était balancé sur les branches ! La tempête n'était rien : elle en avait résisté à tant de personnes : le monde était un endroit juste ; mais la vie était pleine d'épreuves ainsi que d'épreuves. "La tête haute! Comportez-vous comme des hommes », ses membres semblaient rugir dans un diapason solennel et profond. « Attention ! : il y a un refuge pour tous devant ! »

Cinquante mètres plus loin, la voix du chêne se perdit. Mais à mesure que l'homme et le chien travaillaient toujours plus, par joie du vent et de la neige et par amour des éléments dans ce qu'ils avaient de pire, les chevaux se débattaient, les charretiers les appelaient à haute voix et les exhortaient à y donner le meilleur d'eux-mêmes, avec de nombreux efforts. Coup de fouet : il y eut soudain une accalmie, et pendant un instant ce fut la paix. Et juste à ce moment-là, de la vallée, d'autres bruits arrivèrent : les mélèzes et les sapins, là-bas, soupiraient tout seuls, étant en partie abrités par la colline.

Il était temps de faire demi-tour. Il y avait une ruelle dans la direction de ces derniers bruits : la maison pouvait facilement être atteinte par cette voie et, très probablement, avec le vent, la chaussée elle-même aurait été balayée presque à nu.

Les wagons disparurent en un instant, même si le bruit boisé des essieux se faisait encore entendre : la neige tombait à nouveau abondamment, le froid devenait intense, le vent tombait maintenant complètement. On croisa un ou deux oiseaux morts, couchés dans la neige, les griffes en l'air et déjà raides : un feutre et un marteau jaune se trouvaient côte à côte au bas de la colline. C'était comme des morts en uniformes homosexuels, éparpillés après une action. Un peu plus loin, il y avait un merle, à la grande joie de Murphy. Il l'a trouvé immédiatement et était prêt à le rapporter chez lui ; il faisait encore chaud. Mais ce n'était pas le moment de faire des bêtises. Il faisait déjà sombre et il faisait de plus en plus sombre ; la bonne chose à faire était de rester ensemble et de rentrer chez eux. Voyager n'était pas très facile, même pour les hommes de grande taille, et par endroits, très difficile pour les chiens.

Aux endroits où les portes des champs s'ouvraient sur la route, des congères s'étaient formées de deux pieds de profondeur, tout en travers du chemin, et il était nécessaire de ramasser le chien et de le porter, bien que ce dernier pensait que c'était une chose stupide à faire. Il fut un temps où son maître devait faire cela ; mais il n'était alors qu'un enfant dans les bras. Maintenant, il était un homme, il était parvenu au stade de l'homme et, en outre, il avait appris ce qu'était la vie, avec ses heures pleines de santé et remplies d'aventures et d'expériences nouvelles, comme bien sûr elle devrait l'être. Ses muscles étaient durs et flexibles comme l'acier, son cœur plein de vie, son cerveau prompt à apprendre tout ce que son maître pensait qu'il devait savoir. Santé, force, quel bonheur tout cela ! Le voisinage de ces chariots avait été plutôt déprimant, et le claquement de ces fouets quelque peu déconcertant ; mais il ne s'est pas arrêté pour expliquer pourquoi. Il suffisait que lui et son maître soient ensemble. Le passé pourrait prendre soin de lui-même, tout comme l'avenir ; c'était le présent tout-suffisant.

Un profond silence régnait dans la vallée ; même les mélèzes et les sapins avaient abandonné leurs chants. Il y avait un crissement de pied à chaque pas, et de temps en temps un bruissement dans la haie, comme une ronce s'alourdissait de neige et délogait son fardeau dans le fossé, ou bien les feuilles de l'année dernière, encore accrochées à quelque chêne, bruissaient et étaient encore une fois. Autrement, le monde serait mort ou endormi ; cela ne faisait aucune différence.

Un chalet passa plus loin, et la lueur d'une bougie à l'intérieur montra que les flocons de neige tombaient toujours rapidement. Ce chemin serait impraticable le matin. Au détour d'une ruelle, des voix se firent entendre. Ils étaient loin ; mais il était facile de reconnaître que c'étaient celles de deux hommes qui parlaient. Bientôt, les voix devinrent plus audibles. Il faisait trop sombre pour voir qui étaient les hommes au moment de leur passage : la nuit, quand la neige tombe, ceux rencontrés se lèvent et s'en vont presque avant qu'on se rende compte de leur approche. Il y avait juste le temps d'un « Bonsoir », avec un « Bonsoir à vous, Monsieur » en réponse.

Il y eut un instant de silence, puis les hommes recommencèrent à parler.

"Bénis le Seigneur !... as-tu vu qui c'était, Tom, et par une nuit comme celle-ci !" remarqua l'un d'eux.

"Je ne sais pas comme je le savais."

"Je ne sais pas, hein ?"

"Eh bien, bénis la vie sur vous - c'est lui et son chien!"

« Voilà, c'était maintenant ? Lui et son chien, bien sûr. Il le porte, n'est-ce pas ? Comme un.

"Ah... tous ensemble, n'est-ce pas ?"

"De son côté, il ne semble pas avoir grand-chose d'autre."

Ce serait bien de continuer et de ne pas rester là, bouche bée dans l'obscurité, à écouter ce que vous n'êtes jamais censé entendre. La vérité du vieil adage est généralement valable ; et parfois des mots entendus accidentellement de cette manière restent gravés dans l'esprit pour la vie. Ces derniers furent comme un coup de couteau.

« Vous ne semblez pas avoir grand-chose d'autre ? Que voulait dire ce type ? Comme les spectateurs sont invariablement mal jugés ! Quelle erreur ce fut de porter un jugement sur quoi que ce soit ou sur quelqu'un !

"... Bien d'autres choses... bien d'autres choses... ?"

La route était ici moins profondément recouverte. Le chien était lourd : quelques mètres de plus et il était abattu. Alors que le voyage reprenait, il se mit à jouer dans l' obscurité et, à sa manière enjouée et affectueuse, avec les doigts de la main de son maître, jusqu'à dire : « Merci : nous sommes ensemble ; le reste importe peu.

"Lui et son chien... bien d'autres choses... bien d'autres choses... ?" Les mots suivaient le pas.

Comme il faisait sombre !

Et il faisait froid : le thermomètre indiquait moins 1°.

XII

Une nuit d'été, et la chaleur des canicules. Les tramways ne circulaient plus depuis longtemps ; les rues étaient tout à fait désertes.

Il n'y a pas longtemps, l'horloge placée en haut de la tour de Saint-Gilles avait sonné aux trois quarts ; et maintenant il sonna l'heure et sonna avec lassitude « Deux ». Puis d'autres horloges s'éveillèrent également à leurs fonctions et, ne possédant pas de carillon, répétaient ces dernières informations sur diverses tonalités, de loin et de près. Tout était très sombre ; et l'odeur des rues très désagréable.

C'était au tour de Bill de se lever ce soir-là ; au moins, ils ont dit que c'était son tour. En fait, il était resté debout trois nuits de suite, et au moins dix au cours des dix-huit dernières, car ce n'était pas un cas ordinaire et le crédit de l'entreprise était en jeu. Non qu'il ait la dignité d'être membre, et encore moins associé, de l'entreprise ; mais il avait travaillé pour cela, disait-il souvent, et avec beaucoup de fierté dans sa voix : « j'ai travaillé pour cela trente-deux ans, viens Lammas ; et cela a duré très longtemps.

Pour Bill, et pour les quelques personnes restantes ou encore visibles comme lui, le mérite de l'entreprise était le sien ; et l'entreprise ne devrait jamais perdre sa confiance aussi longtemps que Bill Withers pourrait marcher sur ses deux pieds ou aider une créature souffrante. Tels étaient ses sentiments. Ensuite, bien sûr, ce Bill avait une place douce dans son cœur pour les animaux en général, même si la place la plus douce de toutes était réservée sans réserve aux chiens.

« Ils étaient humains ; eh bien, une vision meilleure que celle d'un humain, car n'importe qui peut parfois voir des humains » ; c'est ainsi qu'il l'a dit. "Et il n'y a aucun doute là-dessus, peu importe ce que personne n'a dit."

Sur ce, ses camarades dans la cour ont jugé bon de laisser tomber l'affaire.

« Que c'est là que Bill a son drôle de cachette pour la plupart des choses ; « Il vaut mieux le laisser à lui-même », remarquèrent-ils en tordant la bouche, et ils passèrent leur chemin.

Bill avait l'habitude d'exprimer ses pensées à voix haute, surtout lorsqu'il était debout la nuit. Il trouvait de la compagnie dans l'habitude et employait désormais son temps de cette manière.

"Deux heures. Encore une demi-heure et il lui faudra de la soupe, puis un petit stim'lant. C'étaient les ordres. Voyons. Demain, c'est Toosday. Cela fait trois semaines que le maître l'a ramené avec lui dans son moteur, tout enveloppé dans des couvertures. C'est cet ogg-sigen qui l'a sauvé à ce moment-là. Mais ici, il est nourri toutes les deux heures, nuit et jour, de toute façon. Bien bien...."

Il y avait un pas sur les pavés de la cour. Bill regarda autour de lui. "M. Charles, comme il l'appelait, le chef de l'entreprise, arrivait.

Cinq semaines auparavant, Murphy était tombé malade. Personne ne semblait savoir ce qui se passait chez lui, sauf qu'il était agité, refusait de manger et n'avait pas l'air bien dans son manteau. L'esprit même qui était en lui trompait les autres : il chassait les oiseaux à la moindre provocation ; les lapins n'étaient pas des animaux à abandonner tant qu'il y avait du souffle dans le corps ; ce plus beau des jeux, celui du travail à la main, devait être joué jusqu'au dernier jour, car n'était-ce pas le plus joyeux des plaisirs pour tous deux, et son maître ne riait-il pas bruyamment quand tout était fini, et il sautait, aboyait et sautait lui-même, demandant juste un tour de plus ? Seuls ceux qui avaient le cœur de poule ont abandonné ; la vie devait être vécue jusqu'à la toute dernière minute, surtout lorsqu'elle était aussi pleine de plaisir et de bonheur que la sienne. S'il faiblit et était fatigué après ces agissements, c'était seulement à cause de la chaleur : il irait bien demain. Il est donc resté silencieux pendant une semaine.

Mais le lendemain arriva, et il était moins plein de vie que la veille. Il y avait manifestement quelque chose qui n'allait pas ; bien que des conseils aient été demandés, et avec peu de gain. Ses yeux brillants étaient devenus ternes et il refusait toute nourriture. Il était temps d'obtenir le meilleur avis possible.

« La maladie de Carré. Pneumonie; et le cœur également affecté. Tel fut le verdict. Il n'y avait qu'une chance pour lui. Ce serait un risque de le déplacer si loin ; mais cela en valait peut-être la peine, car le traitement pouvait alors être correctement suivi : dans des établissements de ce genre, tous les animaux étaient soignés avec autant de soin et d'habileté que les patients d'un hôpital.

Murphy a donc été emmené. Comme tout cela était arrivé soudainement. Et maintenant, trois semaines s'étaient écoulées ; et le chien vivait encore.

"Comment va-t-il, Bill?"

"A mon avis, aucune différence, comme je peux le voir."

« Nous devons le sauver, si nous le pouvons, Bill. Elle était encore ici aujourd'hui et a dit que le chien était si précieux qu'elle ne savait pas ce qui arriverait s'il mourait.

"J'ai jugé quelque chose de ce genre", a fait remarquer Bill. « J'ai un cousin chez eux : le berger de M. Phipps, lui aussi, tout comme Fair Mile Farm. Tu sais. Il est venu avec lui – c'était le marché de samedi dernier – pour quelques tegs ; et il est venu ici, et je crois que c'est pour demander comment ça s'est passé ici. Il a dit qu'il l'avait déjà aimé. Il semblait tout savoir sur l'ONU. Il a dit que lui et le gentleman possédaient un wus allus ensemble ; qu'il ne pouvait pas se déplacer comme certains ; et que lui et ce chien n'étaient jamais séparés et semblaient être liés, d'une manière curieuse. Ils avaient un nom pour eux deux dans cette partie-là, dit-il ; mais j'oublie presque ce que c'est maintenant.

« Alors je comprends. Un ou deux sont venus lui demander de ses nouvelles, au bureau, et ont dit à peu près la même chose.

« Il est lui-même venu ici, n'est-ce pas ? » s'enquit Bill.

« Oui, hier. Je lui ai dit qu'il ne pouvait pas le voir ; ou plutôt que s'il le faisait, avec un cœur de chien aussi turbulent, je ne répondrais pas du résultat. Il ne dit plus un mot après cela, sauf : « Faites de votre mieux » ; et je suis sorti.

"D'après ce que mon cousin a dit", a déclaré Bill, "je pense que s'il était entré, cela aurait tué le chien sur le coup." Il lissait les oreilles de Murphy tout en parlant.

« Je lui ai dit, continua M. Charles, que deux choses étaient spécialement contre ce chien ; l'un était son éducation élevée et l'autre son développement cérébral. Mais c'est la dernière chose dont j'ai le plus peur.

"Cerveau? Intelligent?" » intervint Bill : « Je devrais simplement dire qu'il l' *était* . »

« ...Et je lui ai dit que je n'avais jamais vu un chien aussi facile à soigner ; et qu'il se battait vraiment courageusement pour cela.

"C'est vrai", dit Bill, sur un ton comme si les mots avaient été "Amen".

« ...Et qu'il était si sensé qu'il nous a permis de faire ce que nous voulions avec lui ; si bon et si patient qu'il n'y avait pas un homme dans la cour qui ne soit *content* de faire quelque chose pour lui.

"C'est encore vrai", interrompit Bill avec emphase. - "Murphy", dit-il en appelant le chien par son nom. "Ouf! Une autre journée chaude, à mon avis ; la lumière s'éclairera d'ici peu. Bill regardait le ciel.

« Tous contre lui ; tout contre lui, répondit l'autre. "Mais là, je serai carrément désolé si on le perd maintenant."

Bill secoua la tête. "Voyez tout ce qui a été fait... et les télégrammes... et les lettres, et..."

La conversation des deux hommes fut interrompue par un aboiement sourd du chien.

«Je rêve», dit Bill; "Il dort beaucoup."

« Cerveau », dit l'autre en écoutant, « je craignais autant depuis le début. Tout est fini, Bill.

Bill était à terre et avait mis une de ses mains sous la tête du chien.

L'écorce revint : seulement une très faible ; pas assez pour déranger quiconque à proximité. C'est devenu continu par la suite ; est devenu un peu plus fort; puis progressivement plus faible.

Peut-être chassait-il des oiseaux, même si on peut en douter. Il était plus probable qu'il travaillait d'arrache-pied dans les champs ensoleillés, dans l'air joyeux, avec une vie bien remplie encore devant lui ; et en compagnie de celui qu'il aimait de tout son cœur, et à qui, tout en apprenant constamment lui-même, lui, chien, avait enseigné une infinité de choses.

Il ne fait aucun doute qu'il travaillait à la main. Bien sûr qu'il l'était. Mais la main qui lui faisait signe venait de l'autre côté de la frontière, du pays où il y a de la place pour l'homme et le chien, et où il y aura des retrouvailles bénies avec de vieux amis.

L'écorce mourut : Murphy était mort.

« Pas cinq ans ; ou seulement juste », remarqua Bill.

Les deux hommes poussèrent un soupir.

Le jour se levait alors qu'ils s'éloignaient ensemble dans la cour.

Quelques jours plus tard arriva ceci, écrit par quelqu'un dont la tâche était de soigner les malades et les souffrances des animaux ; pour qui leur décès n'était pas un événement rare; et qui a dû en avoir plusieurs milliers entre ses mains :

« Je suis vraiment désolé ; mais c'était vraiment une libération heureuse après l'apparition des symptômes cérébraux.

«Je peux seulement dire que votre chien a gagné l'affection de nous tous ici à un degré inégalé par aucun autre patient. Je pense que cela était dû à la façon très courageuse avec laquelle il supportait ses souffrances, à son tempérament bon et docile et à son intelligence presque humaine. Il ne fait aucun doute que cette dernière a accru la susceptibilité de son cerveau aux maladies et a rendu sa guérison désespérée.

Deux hommes remontaient lentement la rivière Dénée. Il s'agissait du berger Job Nutt et de son second. Et leurs chiens les suivaient de près au pied.

Ils venaient de déployer un nouvel appât pour les moutons sur les vesces plus bas et se dirigeaient vers la maison.

Des ombres violettes s'étaient étendues au maximum sur le blé rouge, maintenant à maturation rapide ; bientôt ils disparaîtraient complètement et les bois deviendraient bleus. Car le soleil touchait la ligne des collines lointaines, et la longue journée de travail était terminée.

«Eh bien, le voilà», dit l'un d'eux en désignant le haut, le bas, vers l'est.

« Il en sera ainsi, » répond l'autre, « Lui et le sien... Oh ah ! mais j'étais presque en train d'oublier. J'ai tous aimé ce chien »; et Job Nutt agita la main.

Tout le monde le savait. Contrairement à ce qu'on croit généralement, certaines nouvelles circulent rapidement parmi les paysans.

XIII

Ce n'était qu'un chien.

Peut-être.

Ce fait n'interdit pas la question familière qui se pose toujours à certaines heures à l'esprit de l'homme, et qui continuera jusqu'à la fin du temps, à savoir si son ami prendra une forme humaine ou seulement canine dans la vie :

« Mais son esprit… où repose son esprit ?

C'est Dieu qui l'a créé – Dieu sait mieux.

En vérité, il n'y a pas de réponse à cette question : « Où ? Et c'est ainsi que nous sommes obligés de le laisser selon notre habitude lorsque nous sommes en faute, et à peu près comme le poète le laisse ici. Dans le cas de l'homme, nous pensons comprendre. Dans celle du chien, notre difficulté semble insoluble : il ne s'agit pas d'argumentation, les affirmations sont vaines, le dogme n'a pas de place. D'un côté, nous avons ces principes qui viennent en aide à l'homme, mais dont il serait inconvenant de parler maintenant. La grande majorité des hommes chrétiens sont capables de surmonter les tempêtes de la vie sans que leur confiance ne cède complètement et avec les premières ancres fixées dans ce qui est considéré comme le meilleur moyen de tenir le terrain. Mais quand on se tourne vers l'éventuel statut futur du chien, il n'y a pas d'ancre et le terrain d'accueil est indifférent. Pourtant, en considérant le cas de l'homme et du chien, nous ne sommes pas laissés sans une certaine mesure de soutien également applicable aux deux. L'esprit définissable comme l'appréhension immédiate de l'esprit sans raisonnement – l'esprit d'intuition – nous aide d'un côté ou de l'autre. « Nous sommes dotés », comme nous le dit Mgr Butler, « de capacités de perception » ; et celles-ci nous permettent d'accepter beaucoup de choses qui se situent en dehors du domaine réel de la preuve, parce que notre conscience intérieure nous dit que nous ne sommes pas entièrement sur une fausse voie et que les vérités, même si elles sont à moitié cachées, existent pourtant avec certitude dans la direction dans lequel nous effectuons des recherches sérieuses.

Nous souffrons nécessairement ici, comme toujours, de la tendance qui fait du souhait le père à la pensée ; ou, en d'autres termes, il n'est pas rare que nous jetions par-dessus bord ce qui est désagréable au goût, afin de pouvoir alléger le navire et traverser telle ou telle rafale sans trop de tension sur l'ancre d'écoute susmentionnée. La majorité de l'humanité croit, et continuera de croire, avec la plus grande fermeté en ce qu'elle souhaite croire. Pourtant, cette tendance de notre part – visible comme elle l'est souvent dans des directions où nous devrions le moins nous attendre à la trouver – ne prouve pas nécessairement que nos croyances sont fausses, mais elle nous conduit aussi assez souvent directement à des vérités, aussi peu orthodoxe que notre voie ait pu paraître à nos yeux. spectateurs.

En considérant donc la question de l'existence future possible de nos amis canins, le sentiment dominant est généralement celui-ci : nous croyons qu'un avenir, avec une grande probabilité, existe pour eux, parce que nous pensons que ne pas le croire serait se transformer en tout le schéma de l'univers, tel que nous le comprenons, en un tout petit peu d'absurdités. Nous ne nous arrêtons pas à la raison : de telles choses sont parce qu'elles doivent être ; ils ne peuvent cesser de l'être sans défiguration totale du plan de notre conception. L'intuition pointe, et presque impulsivement peut-être, dans une direction. Il existe « un auteur intelligent de la nature ou un gouverneur naturel du monde ». La vie n'est pas faite de hasard. Finalement, il y aura le bonheur dans sa forme la plus complète : sinon il y aurait de l'injustice, et la vie, telle que nous la connaissons, n'en offre que peu ou pas de preuves. Pour que le bonheur soit complet, il ne peut être question que les chants que nous entendrons soient indifféremment harmonisés, il ne peut y avoir de fissures dans le luth : à l'état de perfection, il faut nécessairement que les imperfections soient imperceptibles.

Avec nos limitations humaines étroites, nous sommes conduits à des conclusions naturellement circonscrites et colorées par ces limitations. Nous sommes conscients de l'étroitesse du champ de vision qui nous est permis, et nous sommes perpétuellement conscients que nous battons nos ailes contre les barreaux ; mais nous acceptons néanmoins telle ou telle conclusion parce qu'elle satisfait notre âme, ou nous refusons de l'accepter parce que nous ne pouvons honnêtement l'avouer. Pourtant, une fois de plus, derrière l'acceptation et le rejet se cache quelque chose de plus : cette intuition et ce pouvoir de perception qui nous permettent de trouver satisfaction dans des déductions dont nous savons qu'elles se situent en dehors des questions de foi, mais que nous sentons néanmoins vraies. Et le fait même que nous puissions tirer cette satisfaction et sentir que nos conclusions contiennent une part de vérité tend à nous confirmer, à tort ou à raison, dans nos conjectures.

C'est pourquoi nous arrivons délibérément à l'opinion que les chiens auront leur place dans les terres situées de l'autre côté de la frontière. Une telle opinion peut être audacieuse ; mais il y a des raisons de croire qu'elle est assez largement répandue. Nous avons naturellement tendance à nous matérialiser lorsque nous construisons nos différentes images ; mais nous péchons ici, voire pas du tout, en bonne compagnie. La ville qui s'étendait en carré, et qui nous est décrite dans la vision de l'île de Patmos, était d'or pur, avec des murs de jaspe et des portes de pierres précieuses, et avait en elle des arbres et des oiseaux et de nombreux animaux divers et matériels. des choses de la plus grande beauté, outre les figures d'innombrables anges. La description n'aurait pas pu être rédigée autrement si elle avait été comprise par l'esprit de l'homme, même dans une mesure limitée. Il en va de même pour nous-mêmes. Concevoir un monde avec tous les attributs de la beauté mais sans fleurs est impossible. Réaliser un monde plein de musique et de chants mais sans oiseaux est peut-être possible, mais transcende les pouvoirs de la plupart des esprits. Tenter de croire au bonheur d'un monde où la compagnie doit être recherchée et les retrouvailles sont promises, mais où la compagnie des chiens est niée, c'est pousser la croyance de certains à l'extrême et il n'est pas improbable d'échouer.

« Et, écrit l'évêque Butler dans son traité immortel, nous ne pouvons trouver quoi que ce soit dans toute l'analogie de la nature qui puisse nous permettre la moindre présomption que les animaux perdent un jour leurs pouvoirs vitaux ; encore moins, s'il était possible, qu'ils les perdent par la mort : car nous n'avons aucune faculté pour en tracer au-delà ou à travers elle, afin de voir ce qu'ils deviennent. Cet événement les supprime de notre vue. Cela détruit la preuve sensible, que nous avions avant la mort, de leur possession des pouvoirs vivants, mais ne semble pas fournir la moindre raison de croire qu'ils en sont alors, ou par cet événement, privés. Et le fait de savoir qu'ils possédaient ces pouvoirs, jusqu'à l'époque même à laquelle nous avons des facultés capables de les faire remonter, est en soi une probabilité qu'ils les conservent au-delà de cette période.

Lorsque Robert Southey regarda pour la dernière fois son vieil ami Phillis - et il y a une différence amère en pareille occasion entre regarder les jeunes et les vieux - il raconta combien de fois, dans ses premiers jours, ce chien et lui avaient apprécié des sports enfantins. ensemble, et comment, plus tard, quand des temps difficiles l'atteignirent, il trouva plaisir à se rappeler la tendresse fidèle de l'ami dans la maison lointaine, et désira ardemment ressentir à nouveau la chaleur de son accueil muet. Puis, quand le vieux chien est enfin mort, et que ces précieuses associations se sont rompues, il éclate en disant :

« Mon credo n'est pas étroit ;

Et Celui qui t'a donné l'être n'a pas encadré

Le mystère de la vie pour être le sport

D'un homme impitoyable. Il y a un autre monde

Pour tout ce qui vit et bouge, un meilleur !

Où les fiers bipèdes, qui voudraient enfermer

Bonté infinie jusqu'aux petites limites

De leur propre charité, ils peuvent t'envier ! »

Lorsque nous nous tournons vers le premier de tous les livres, le chien semble certainement recevoir un traitement sévère. Le terme « chien » est invariablement un reproche. Goliath maudissant David demande : « Suis-je un chien ? Abner s'exclame : « Suis-je une tête de chien ? Saint Paul qualifie les faux prophètes de chiens. Dans les Psaumes, le chien est synonyme du diable ; dans les Évangiles, il représente les hommes impies. Les méchants travailleurs sont des chiens ; un chien est l'équivalent d'un imbécile ; rien n'est inférieur à un chien, et rien ne doit être plus abhorré. Enfin, il y a la phrase la plus dure de toutes : « Sans les chiens sont les chiens » ; comme si tout espoir pour les chiens était totalement interdit. C'est toujours la même chose : les dépravés de l'humanité sont des chiens, et le summum même du reproche et du mépris possibles se trouve apparemment dans l'emploi de ce seul terme. Abandonnez l'espérance ; au dehors, vous êtes des chiens !

Mais l'utilisation de ce terme « chien » est-elle à prendre au pied de la lettre ? Il semble y avoir de nombreuses preuves que cela ne devrait pas être le cas. L'extravagance même du langage soulève immédiatement un doute, tout comme le grotesque de l'application du terme montre que le chien lui-même n'aurait jamais pu être désigné. Saint Paul qualifie les faux prophètes de chiens en raison de leur impudence et de leur amour du gain, caractéristiques qu'il est difficile d'attribuer à l'animal lui-même. Le terme « chien mort » était le terme le plus injurieux qu'un Juif puisse prononcer ; Lorsque David essaya de faire comprendre à Saül que la persécution à laquelle il le soumettait était un déshonneur pour lui-même, il lui demanda qui il poursuivait ; Poursuivait-il « un chien mort » ? Si, comme le dit Horace, « la mort est la limite ultime de la richesse et du pouvoir », il n'en est sûrement pas moins de la poursuite.

Là encore, dans les Psaumes, David écrit : « Délivre mon âme de l'épée, ma chérie de la puissance du chien » ; en d'autres termes, le diable. Tous les chiens ne sont pas de bons chiens, même si tous les chiens sont de bons chiens pour leurs propriétaires respectifs ; mais aucun chien ne peut être classé comme nous le trouvons ici, ou comme l'image et la ressemblance même de l'humanité la plus dépravée et la plus avilie comme nous le trouvons ailleurs. Il est incapable de ces péchés ; il ne tombe pas dans ces erreurs.

Ce dont nous devons nous souvenir, c'est apparemment ceci. La première mention du chien dans les Écritures est liée au séjour des Israélites en Égypte. Le chien a été déclaré impur par la loi juive ; et il n'est pas improbable que les Juifs aient ainsi appris à le considérer par opposition à ces maîtres d'oeuvre qui, ils en étaient bien conscients, le tenaient pour sacré. Ainsi, le terme de chien apparaît souvent comme le reflet d'une haine passionnée et profonde, indépendamment de l'impureté de l'animal, mais aussi de l'animal lui-même. Le mot est ainsi devenu utile pour lancer à tout moment la tête d'un ennemi, ou pour classer ceux qui vivaient en dehors des limites de la décence humaine commune. Pour ces derniers, il ne pouvait y avoir aucun espoir, et le terme tel qu'il leur était appliqué était jugé porteur du stigmate le plus amer, tout comme il continue de le faire en Orient jusqu'à nos jours. Être chrétien, c'est être un chien ; être juif, c'est être un chien ; un infidèle est un chien ; et être connu comme « le chien d'un juif » ou « un chien mort », c'est avoir sombré dans les plus basses profondeurs de la dépravation aux yeux de tous les hommes.

Mais la manière dont les chiens étaient considérés ne s'est pas arrêtée aux édits et à l'opinion juive. Lorsque les anciens Égyptiens ont cédé la place à un autre type et que les musulmans ont pris leur place, le chien, honoré auparavant, comme nous l'avons montré, est tombé immédiatement dans une position inférieure. La loi musulmane tirait en grande partie sa couleur de la pratique juive, et le chien était généralement considéré par les mahométans comme impur. Il continue, comme tout le monde le sait, à être toujours aussi considéré. Le chien, en Orient, est à la fois toléré et négligé : il est peut-être légèrement meilleur que le cochon, mais, comme cet animal totalement impur, c'est un charognard, vivant en grande partie d'abats et de ce qu'il est capable de ramasser.

Il est donc, pour la plupart, un pauvre être, menant une vie pauvre et souvent à plaindre. On pourrait douter qu'il ait des perspectives d'avenir devant lui, vu tel qu'il est. Mais il faut aussi se rappeler que s'il se trouve à divers stades de développement dans ces pays lointains et avec peu de chances d'amélioration, il ne diffère pas beaucoup à cet égard des vastes multitudes d'hommes parmi lesquels il évolue, qu'ils soient ou non. être blanc, jaune, marron ou noir. Les conditions de sa vie sont peu susceptibles de le condamner, tout comme elles seraient insuffisantes dans le cas d'autres. D'ailleurs, toutes les classes ne le condamnent certainement pas ainsi, ou ne le considèrent pas tout à fait sous le même jour. Par les Parsis, par exemple, il n'est pas considéré comme totalement impur. Beaucoup d'entre eux élèvent des chiens de race anglaise, tout comme certains des indigènes les plus européanisés d'autres classes, les traitant à peu près comme nous le faisons, bien que cela soit encore rare. Les hindous de bonne classe et les mahométans les évitent généralement ; mais ici encore, de nombreux Hindous, et une caste telle que les balayeurs, toucheront un chien sans se considérer souillés, tout comme un mahométan tiendra ou prendra souvent en charge un chien, bien qu'il fasse attention à ne pas le faire par la chaîne ou le cuir. plomb, mais en glissant son *jharan* , ou tissu, à travers le collier du chien et en le manipulant de cette façon. Dans de nombreux villages mahométans, le chien se rencontre en grand nombre, les habitants étant heureux de ses services pour garder leurs chèvres, tout en le condamnant à vivre à l'extérieur de la maison, même s'il existe une probabilité qu'il soit enlevé par un léopard qui rôde.

Dans certaines directions, le chien apparaît donc au moins comme toléré. Mais il reste un autre fait remarquable à noter. Personne ne peut avoir voyagé en Orient, notamment en Turquie, sans remarquer la manière dont le chien est généralement considéré. Pourtant, malgré cela, il est toujours certainement classé comme surnaturel, et par une autorité non moins importante que le Coran. Son impureté doit être reconnue ; mais, d'un autre côté, comment négliger sa fidélité et son courage ? Ils ne peuvent pas l'être. Ainsi donc, cet animal impur, devant lequel les hommes se méfient, de peur que leurs vêtements ne le touchent en passant, se voit attribuer, comme nous l'avons déjà dit, une place dans le paradis de Mahomed et, à cause de son caractère, est jugé digne d'une place spéciale dans ce paradis. terre de bonheur suprême. Il y a donc une chance pour les exclus ici.

Il est temps d'examiner le chien lui-même d'un peu plus près et de voir quelles caractéristiques il peut mettre en avant pour soutenir les espoirs que de nombreux êtres humains nourrissent en son nom.

Voici un animal muet qui, bien avant l'aube de l'histoire, était connu pour avoir été le proche compagnon de l'homme. Pas à pas, nous le voyons avancer avec ceux auxquels il est lié, jusqu'à ce qu'il s'élève infiniment au-dessus de tous les autres animaux et prenne sa place prééminente en tant qu'ami de l'homme. Aucun de ceux dont il est issu à l'origine n'aboie, et aucune espèce sauvage ne le fait. Par et à travers l'homme, le chien a été doté de ce moyen d'expression, et a ainsi pu agir comme son gardien le plus efficace. C'est un fait établi que le chien aboie au contact de l'homme et perd sa puissance lorsqu'il est séparé de lui. Ce fut le cas des chiens abandonnés il y a de nombreuses années sur l'île inhabitée de Juan Fernández. On a découvert trente ans plus tard que les descendants de ces chiens avaient perdu le pouvoir d'aboyer et ne l'ont récupéré que tardivement avec difficulté.

Le fait que le chien aboie n'est cependant pas l'essentiel. Ce don particulier a été développé en un langage, car c'est par ces merveilleuses inflexions de la voix en aboyant que le chien a appris à faire comprendre à l'homme ce qu'il voulait dire. Ainsi, comme nous le savons tous, il est capable de transmettre, à volonté, une note d'avertissement, de signaler l'approche d'un danger, de montrer sa colère, son inquiétude, sa joie, l'esprit qui l'anime dans la chasse, de faire son appel à l'aide, pour déclarer le besoin de secours. Son aboiement est ainsi devenu son principal moyen de communication, indépendamment du hurlement, du gémissement, du gémissement ou du grognement ; le «

chant » associé à une meute de renards aboyant à la lune ; le « discours » que le sujet de ces pages possédait à un degré si extraordinaire.

D'autre part, à mesure qu'il répondait plus facilement à l'éducation et qu'il acquérait peu à peu les instincts civilisateurs qui affectaient l'homme, le chien devint non seulement un fidèle compagnon mais un humble serviteur. Il ne s'arrêta pas là non plus, car, ce qui était encore plus remarquable, il en vint certainement, peu à peu, à refléter certaines des principales caractéristiques de l'homme, ainsi que presque toutes les passions humaines. Par association d'idées, il développait la mémoire. Par ses rêves et les différents sons qu'il émet pendant son sommeil, on voit qu'il possède de l'imagination. Son merveilleux pouvoir olfactif s'avère susceptible d'être utilisé à d'autres fins que le sport, et n'est même pas utilisé à l'heure actuelle dans divers domaines comme il pourrait l'être. Ensuite aussi, il forme habituellement ses propres jugements, et ceux-ci sont généralement extrêmement corrects, comme lorsqu'il reconnaît un intrus, ou arrive à ce qui est bien et à ce qui ne l'est pas dans le cercle de son propre domaine. À maintes reprises, il fait certainement preuve d'une conscience et de la possession des rudiments du sens moral. Lorsqu'il fait du mal, il fait souvent preuve de honte ainsi que de contrition, cherchant le pardon et étant souvent nettement malheureux jusqu'à ce qu'il soit obtenu. Il arrive parfois à ce point que lorsqu'il sait qu'il a transgressé les règles, il vient et fait des aveux, sa propre honnêteté lui attirant une punition à laquelle il aurait autrement échappé, ou servant à déclarer ce qui n'était pas soupçonné auparavant par ceux qui l'ont fait. lui.

Mais c'est lorsqu'on s'approche des qualités supérieures que le chien se révèle sous son vrai jour. Les meilleurs de sa classe les possèdent naturellement dans la plus grande perfection, mais c'est un fait qu'aucun n'en est complètement dépourvu. Son instinct, sa patience et sa soumission à la volonté de son maître, son courage et son courage, sa fidélité que rien ne semble pouvoir ébranler, sa confiance, sa puissance de sympathie avec l'homme et avec sa propre classe, et enfin l'émouvant et la profondeur infinie de son amour, autant de caractéristiques qui font parfois honte à l'homme, mais qui font que l'homme lui fait toujours de plus en plus confiance. Face à son merveilleux instinct, il n'est pas rare que l'homme soit frappé de stupeur lorsqu'il regarde. La patience d'un chien est une chose à étudier, ainsi qu'une leçon dont on peut tirer de nombreuses leçons. Son courage et son courage sont presque proverbiaux. Dans de nombreux cas, les chances contre lui ne semblent pas faire la moindre différence : il se battra jusqu'au bout ; que son maître conduise seulement, il le suivra jusqu'à la mort.

Et c'est ici que sa fidélité atteint son apogée. Fidèle jusqu'à la mort ! À maintes reprises, dans d'innombrables cas, il a montré sa fidélité longtemps après la mort de celle qu'il aimait. Le chien de la légende médiévale qui creusait la tombe de son maître, le couvrait de mousse et de feuilles, puis le regardait pendant sept ans, jusqu'à ce qu'il meure lui-même, a trouvé de nombreux parallèles dans la vie réelle. Un chien bien connu du temps des Stewart se trouvait encore près de la tombe de son maître, trois ans après la mort de ce dernier ; et, bien plus tard, un autre chien, à Lisle, refusa de s'éloigner de l'endroit où reposait son maître, et resta de garde pendant neuf longues années, les villageois reconnaissant sa fidélité en lui construisant une niche et en lui apportant sa nourriture quotidienne. jusqu'à sa mort.

Et s'il faut citer un exemple d'expression de chagrin de la part d'un chien, certains se souviendront du petit chien du lointain Soudan. Il était la propriété du seul officier tombé à Ginnis, et qui avait eu l'habitude de l'emmener partout. Lorsque son maître fut envoyé sur le sable, on vit ce chien recroquevillé près de la civière, paraissant encore plus petit qu'auparavant ; et, quand tout fut fini, il dut être soulevé du bord de la fosse, où il gisait, la tête penchée par-dessus le bord, dans un état abject de chagrin. Ce n'était qu'un chien, et un petit chien ; mais beaucoup d'hommes, endurcis par les expériences d'une campagne, détournèrent la tête à cette vue.

Rares sont ceux qui ont été en compagnie des chiens sans prendre conscience de leur pouvoir de sympathie, de la manière dont ils le manifestent presque invariablement envers leur propre espèce, et aussi particulièrement envers l'homme. Qu'un chien soit blessé ou malade, c'est au moins que les autres le laissent en paix ; mais avec l'homme, ils vont beaucoup plus loin, comme ils le font dans de nombreuses directions lorsqu'il s'agit de l'homme. Lorsque Lazare gisait à la porte de Dives, seul et négligé, ce sont les chiens qui venaient lécher ses plaies. De même, dans les heures d'adversité humaine, d'une manière ou d'une autre, les chiens semblent comprendre et agir en conséquence. Combien de fois entend-on l'expression : « Ils savent ! » La raison de leur conduite et de leurs actions dans de telles occasions nous est entièrement cachée, tout comme l'est ce sentiment étrange que possèdent sans aucun doute les chiens au cerveau très développé – la crainte de l'inconnu, et qui a amené certains à conclure qu'ils ont une idée de l'inconnu. le monde des esprits.

De nombreux chiens sont sujets à des crises de nervosité, mais la plupart du temps uniquement en relation avec des choses qu'ils ne comprennent pas ou ne sont pas en mesure de saisir sur le moment. Dans de tels moments, le chien recherche invariablement la compagnie la plus proche de son ami, l'homme. En revanche, le chien comprend souvent la signification des sons lorsque l'homme est en faute et qu'un sentiment d'incertitude a été suscité. Un coup d'œil sur un chien et les mots « le chien n'a pas bougé » suffisent alors à rassurer le guetteur, éventuellement à l'extérieur par une nuit sombre. Ainsi, l'un se tourne vers l'autre pour obtenir soutien et confiance, et un esprit de confiance mutuelle existe entre les deux.

Il n'est pas nécessaire de parler beaucoup ici du pouvoir d'amour du chien, car tout le monde en est conscient, ou peut en avoir été enrichi dans sa vie. Le vieil adage d'il y a des siècles est toujours valable : « le chien est le seul animal de la création qui vous aime plus qu'il ne s'aime lui-même ». Certains affirment que tout amour est d'origine divine. S'il en est ainsi, et si le chien peut être considéré comme ayant une religion, alors sa religion est sans aucun doute l'amour de l'homme. Nous sommes ici confrontés à une passion qui, chez le chien, ne connaît pas de limites, et qui est apparemment incapable de s'aliéner. Foi, vérité, amour ! Que faut-il dire : d'où viennent ces pouvoirs étonnants ; pour quel objet auraient-ils pu être créés ici ? Peut-être valait-il mieux laisser l'affaire là où en était cet autre à l'instant. Nous ne pouvons que chercher l'abri qui nous est commun dans de telles circonstances.

« Il sait qui a donné cet amour sublime ;

Et a donné cette force de sentiment, super

Surtout une estimation humaine.

Encore une fois, pour nous, il n'y a pas de réponse définitive. Toute la question ne forme qu'un problème de plus ajouté à une séquence interminable, et devant lequel l'homme et le chien sont tous deux muets.

Pourtant, lorsque nous regardons en arrière et nous demandons : « Est-ce que tout cela n'a servi à rien ? est-ce toujours le propre de l'homme d'être muet ? De nombreuses autres questions se posent ici à l'esprit, comme c'est toujours le cas pour des problèmes encore plus graves. Dans notre faiblesse et notre anxiété, nous ne pouvons pas laisser notre cause échouer, même si nous confessons notre incapacité à répondre une à une aux questions qui se présentent. Nous ne pouvons que détourner la tête et dire : « De telles choses ne peuvent *pas* exister ». Cette relation étroite ne peut être interrompue et cesser pour toujours. Cette touchante interdépendance ne peut prendre fin d'un seul coup et de manière définitive. Les moineaux ne peuvent pas être soignés et les chiens sont chassés. En d'autres termes, les êtres vivants parmi les animaux, qui ne sont pas directement associés aux êtres humains dans leur vie, ne peuvent certainement pas être préservés individuellement et ceux qui ont gagné notre amour et nous ont aimés en retour seront perdus à jamais et condamnés.

Est-il possible que toutes ces merveilleuses qualités et caractéristiques, rassemblées en un seul animal muet, disparaissent et n'aient plus leur place dans le circuit plus vaste de la vie ? Toutes ces consolations que cet animal, et cet animal seul parmi les soi-disant muets, est capable d'apporter, sont-elles toutes les influences bénéfiques qu'il a le pouvoir d'exercer sur l'esprit, l'esprit et l'âme même de l'être humain ? homme - pour être considéré comme sans valeur; être simplement autant d'éléments à utiliser dans la poursuite d'un grand projet et d'un grand plan ; se dissiper comme les brumes de l'aube quand le jour se lèvera enfin ? Sûrement, de telles choses peuvent-elles exister ? Le jugement humain et la justice humaine sont toujours faillibles et, au mieux, sont des expédients grossiers. Mais cet autre jugement que nous recherchons, et cette autre justice sur laquelle nous avons l'habitude de nous appuyer mentalement, ne peuvent en aucun cas être ni l'un ni l'autre.

Quelque chose de notre cas peut donc certainement en rester là. Nous ne pouvons pas répondre aux questions ; mais, alors que nous y sommes confrontés, nous ne pouvons pas encore nous libérer de cet esprit d'intuition dont nous avons parlé plus haut, ni cesser de tirer nos diverses inférences. La continuité dans la nature nous fait face à chaque instant. Toutes choses travaillent ensemble à la perfection finale de l'ensemble – à la beauté transcendante finale et à la complétude de l'ensemble. Il y a une unité en tous. La plupart en sont certains ; et les hommes marchent donc avec bonne espérance. Il y a du mystère à chaque instant. Il n'y a pas d'échappatoire. Il y a toujours une exigence de mener un bon combat face à cela. Et il y a une promesse de victoire à la fin de la part de One

"Qui, par des créatures basses, mène aux hauteurs de l'amour."

Nous ne sommes pas tous disposés à accepter de telles choses. Nous n'avons pas tous besoin, dans notre cheminement dans la vie, des mêmes outils pour gagner notre chemin. Nous ne regardons pas non plus tous dans la même direction – non pas simplement pour obtenir de l'aide, mais pour ces aides quotidiennes communes que nous recueillons, ou qui peuvent être recueillies, du simple et du grand, de l'animé et de l'inanimé, du souillé comme du le beau et le pur.

En écrivant sur la mort d'un animal juste derrière le chien, Whyte-Melville pose la question suivante :

« Il y a des hommes bons et sages qui pensent que, dans un état futur,

Créatures stupides que nous avons chéries ici-bas

Nous saluera joyeusement lorsque nous passerons la porte dorée.

Est-ce une folie si j'espère qu'il en sera ainsi ?

C'est peut-être une folie. Pourtant l'auteur de ces pages n'en doute pas. Et c'est pourquoi, dans le coin tranquille de la belle maison, lorsque Murphy fut enterré près de Dan, ces mots furent gravés sur sa pierre tombale, avec foi et bonne espérance :

MURPHY

CHER GARÇON

1906-1911

« Toi, Seigneur, tu sauveras l'homme et la bête. »

www.ingramcontent.com/pod-product-compliance
Lightning Source LLC
LaVergne TN
LVHW041738190726
843493LV00008B/2419